材料物理实验教程

主　编　雷　文
副主编　曹绪芝　徐航天

东南大学出版社
·南京·

内 容 简 介

本书由概述、材料的性能测试、材料的结构分析及表征、附录等部分构成。其中,概述部分介绍了材料物理实验须知、常见小型仪器操作规程及材料物理实验的数据处理等内容;材料的性能测试部分主要介绍了材料拉伸、弯曲、冲击等 21 项实验;材料的结构分析及表征主要介绍了偏光显微镜法观察聚合物的结晶形态、红外光谱法测定聚合物结构等 6 项实验;附录部分介绍了与材料物理实验相关的部分数据表,以便查阅使用。

本书可作为高分子材料与工程、材料化学、材料科学与工程等专业本、专科生的实验教材,也可作为相关专业指导老师和考研学生及相关企业工作人员的参考书。

图书在版编目(CIP)数据

材料物理实验教程 / 雷文主编. —南京 : 东南大学
出版社,2018.2
　　ISBN　978-7-5641-7628-0

　　Ⅰ. ①材…　Ⅱ. ①雷…　Ⅲ. ①材料科学—物理
学—实验—高等学校—教材　Ⅳ. ①TB303-33

中国版本图书馆 CIP 数据核字(2018)第 013918 号

材料物理实验教程

出版发行	东南大学出版社
社　　址	南京四牌楼 2 号(邮编:210096)
出 版 人	江建中
责任编辑	吉雄飞(联系电话:025-83793169)
经　　销	全国各地新华书店
印　　刷	虎彩印艺股份有限公司
开　　本	700mm×1000mm　1/16
印　　张	10.25
字　　数	201 千字
版　　次	2018 年 2 月第 1 版
印　　次	2018 年 2 月第 1 次印刷
书　　号	ISBN　978-7-5641-7628-0
定　　价	28.00 元

本社图书若有印装质量问题,请直接与营销部联系,电话:025-83791830。

前　言

　　材料是人类赖以生存和发展的物质基础,与国民经济建设、国防建设和人们的生活密切相关。材料类专业培养的学生将来主要从事材料设计、材料合成、材料制造等方面的工作,所有材料都具有某些特定的性能,材料物理实验课程主要是指导学生掌握材料性能检测、结构分析及表征等方面的技能,让课堂理论教学成果得到进一步巩固,以便将来能更快更好地适应在材料领域工作的需要。

　　为了加强材料物理类课程的教学,适应高等教育深化改革以及培养创新创业人才的需要,编者在南京林业大学多年自编讲义的基础上,按照实验室自有设备情况和设备使用说明书,结合自己多年的理论教学和生产实践经验,并在参考国内外大量实验教材的基础上编著了本书。

　　本书由概述、材料的性能测试、材料的结构分析及表征、附录等部分构成。其中,概述部分介绍了材料物理实验须知、常见小型仪器操作规程及材料物理实验的数据处理等内容;材料的性能测试部分主要介绍了材料拉伸、弯曲、冲击等21项实验;材料的结构分析及表征部分主要介绍了偏光显微镜法观察聚合物的结晶形态、红外光谱法测定聚合物结构等6项实验;附录部分介绍了与材料物理实验相关的部分数据表,以便查阅使用。

　　本书的出版得到了"江苏高校品牌专业建设工程项目(PPZY2015A063)"的支持,可作为高分子材料与工程、材料化学、材料科学与工程等专业本、专科生的实验教材,也可作为相关专业指导老师和考研学生及相关企业工作人员的参考书。

　　本书由雷文老师担任主编,曹绪芝老师编写了第2.19,2.20及3.3~3.6各节,徐航天老师编写了第2.7节。李虹昆、刘鑫莹、董丽莉等研究生在本书编写过程中帮助收集、整理了部分资料,同时,编者还参考了国内外同行编写的教材、部分设备的使用说明书及网上资料,在此向他们表示感谢! 本书末尾列出了部分参考文献,但囿于篇幅,未能将所有参考文献全部列出,敬请谅解! 另外,由于时间紧迫,再加上作者水平有限,书中缺陷或错误难免,望广大读者批评指正。

编著者

2017 年 12 月

目　录

第1章 概　述

1.1　材料物理实验须知

（1）按时进入实验室，无故迟到 15 min 以上者，停做当次实验。因故不能参加实验者，应事先办理好请假手续，并将假条交给主讲教师，否则按旷课论处且不得补做实验。

（2）首次进入材料物理实验室时必须接受安全教育，必须充分了解材料物理实验室各项规章制度（特别是安全制度），熟悉实验室房间的基本构成，熟悉逃生通道，了解总电源开关及各种消防设施的位置。

（3）实验前应充分预习即将开展的实验内容，明确本次实验的目的、原理及实验步骤，了解本次实验需注意的事项。若对部分内容不了解或吃不准，应查阅相关文献资料或提前咨询老师，做好预习报告。在老师进行实验内容讲解的过程中，一定要重点关注此部分不了解或吃不准的内容，同时结合实验操作，直至完全掌握此部分的知识。

（4）材料物理实验所用的仪器设备台（套）数一般较少，大多为公用仪器设备，一旦造成损坏，往往会影响自己及他人的实验操作，同时，不当的操作还会造成实验误差，所以在实验过程中必须爱护实验室仪器设备，严格按照实验操作规程仔细进行操作，确保仪器安装安全准确，操作正确得当。

（5）以严肃、谨慎、细心和实事求是的科学态度进行实验，并在实验过程中认真观察实验现象，如实记录实验现象和数据，特别是在实验过程中出现与实验指导书上所描述不尽相同的异常现象时，更要认真记录，并及时进行分析，找出原因（必要时可立即向指导老师汇报），培养严谨的科学作风。严禁抄袭、杜撰数据，并且不得擅自涂改数据。

（6）实验过程中必须将安全放在首位，杜绝事故发生（这里安全包括人身安全和设备安全，其中尤以人身安全为重）。如发生事故，应立即向指导教师报告，及时进行处理。

（7）实验过程中应保持实验台整齐清洁，实验台面上不要摆放与实验无关的书籍、笔记本等，实验用过的试样应及时清理掉，不要堆放在实验台面上。

(8) 实验过程中不得随便动用与本次实验无关的其他仪器、设备、药品、工具等,不得大声喧哗,不得相互嬉戏打闹。须严格遵从"三不伤害"安全原则:① 不要伤害自己,操作过程中做好自身防护;② 不要伤害别人,操作过程中注意观察周边同学的状况,不要对别的同学造成撞伤、砸伤、割伤等伤害;③ 不要被别人伤害,别的同学做实验时需与其保持适当的安全距离,以免该同学操作不当而对自身产生伤害。

(9) 实验过程中应节约使用水电、药品,杜绝一切浪费。

(10) 实验结束后应将药品、工具、小型器具等放回原处并排列整齐,以便下次使用或其他同学的使用;同时,应按照要求及时清洗相关实验仪器、设备,清理实验台面,做好实验室的清洁卫生工作。

(11) 实验结束后应在规定时间内做好实验报告。实验报告应按标准格式进行撰写,图表绘制必须规范,对实验过程中出现的一些现象应展开讨论、分析,数据处理应科学、严谨。

1.2　实验室安全守则

(1) 学生首次进入实验室时必须接受安全教育,熟悉实验室内部设施及周边环境(如水阀、电闸、消防器材及室外水源等的位置),掌握实验室防火设施的使用方法。

(2) 实验开始前必须认真听指导老师的讲解,在实验过程中不得离开现场,同时需密切注意实验仪器设备的运转状况,若发现异常应及时汇报、处理。

(3) 对于一些具有危险性的实验,应做好自身的防护工作,包括戴防护眼镜、乳胶手套等,避免发生挤伤、撞伤、压伤、割伤等。

(4) 实验所用的化学试剂或样品严禁入口,实验结束后应及时洗手。严禁将不同试剂胡乱混配,严禁使用不知其成分的试剂。

(5) 实验过程中应打开门窗或换气设施,保持室内空气流畅。当加热易挥发液体或者易产生严重异味、易污染环境的液体时,应在通风橱内进行实验。

(6) 高压钢瓶应固定好,不得让钢瓶在地上滚动,不得撞击及随意更换钢瓶表头;使用高压钢瓶时,要严格按照操作规程进行操作;各种钢瓶用毕或中断后应及时关闭阀门,若发现漏气或气阀失灵,应在报告老师后停止实验,立即进行检查并修复,待实验室通风换气一段时间后再继续实验。

(7) 实验室内严禁明火作业,需要循环冷却水的实验应随时监测实验过程,以防减压或停水导致事故发生。

（8）使用电器时应谨防触电，同时遵循"预防第一，安全为主"的原则并做到以下几点：

① 不要用潮湿的手或身体的其他部位触碰开关、插座、插头及各种仪器、设备的电源接口。

② 不要用潮湿的抹布擦拭照明用具、仪器、设备。

③ 操作仪器、设备前必须弄清所有按钮的用途及具体操作程序，而后再接通电源。仪器、设备运转过程中不得远离现场，以便及时发现其可能出现的故障并采取相应的措施。

④ 移动仪器、设备时必须切断电源。

⑤ 每一台仪器、设备单独使用一个插座。未经老师批准，不得将若干仪器、设备共用一个多用插座，以免互相影响而产生一些意想不到的后果。

⑥ 发现仪器、设备冒烟或闻到异味时要迅速切断电源，并报告老师进行检查。

⑦ 通常情况下，仪器、设备使用完毕应及时切断电源。

⑧ 发现电线破损时要及时报告老师进行更换，或使用绝缘胶布包扎电线，禁止使用普通胶布进行包扎。

⑨ 严禁擅自起动、拆装实验室内与本次实验无关的仪器、设备。

（9）进入实验室时需穿全棉工作服，不得穿凉鞋、高跟鞋或拖鞋，同时留长发者应束扎头发；离开实验室时需换掉工作服。

（10）未经老师批准不得擅自进行实验，即使仪器、设备尚未起动，也不允许随便按动仪器、设备上的按钮。

（11）实验室内严禁会客、喧哗、抽烟、吃东西、随意走动，严禁私配或外借实验室钥匙，且不得将实验所用试剂、样品、工具、仪器、设备等带出实验室。

（12）不得在烘箱内存放、干燥、烘焙有机物。

（13）值日生及最后离开实验室的工作人员都应检查水阀、电源开关、气阀等是否关闭，在确认关闭好门、窗、水、电、气后方可离开实验室。

1.3　常见小型仪器操作规程及注意事项

1.3.1　电子天平

1）操作规程

（1）将电子天平接通电源，然后打开天平开关对天平进行预热，且预热时间一般至少 30 min。

（2）等待仪器自检，当显示器显示零时则自检过程结束，此时天平可进行称量。

（3）将称量纸置于天平载物盘中央，按显示屏两侧的 Tare 键去皮，待显示器显示零时再将被称物置于天平载物盘中央的称量纸上。

（4）天平自动显示被测物质的重量，等稳定后（显示屏左侧亮点消失）即可读数并记录。

（5）称量结束后按 ON/OFF 键，关断显示器，进行使用登记。

2）注意事项

（1）电子天平要正确安放在安全称重室或稳固的工作台上，不要放置在空调下方的边台上和空气直接流通的通道上，同时须避免阳光直射、受热以及在湿度大的环境中工作，规避环境因素带来的气流波动、温度变化、振动和静电等。

（2）电子天平应尽可能一步到位安装在固定的位置上，尽量避免搬动。搬动过的电子天平必须重新校正好水平，并对天平的计量性能做全面检查，确认无误后才可使用。电子天平放置平台后必须通过天平的地脚螺栓将其水平泡调至水平仪中心位置（左旋升高，右旋下降），若水平泡不在水平仪中心位置，表示天平放置的不平衡，天平在使用过程中将导致测量出现偏差而影响其称重的精准性。

（3）称量过程中应关闭电子天平两侧及顶部的玻璃板，以防风对测量结果的影响；同时，在测量过程中要避免天平发生振动，以防振动对测量结果的影响。

（4）往天平中摆放称量物时不应用手直接接触，需戴手套或用带橡皮套的镊子镊取，且必须做到轻拿轻放。

（5）称量吸湿性、挥发性或腐蚀性物品时，应用带盖称量瓶盖紧后进行称量，且称量要尽快完成，称量过程中注意不要将被称物（特别是腐蚀性物品）洒落在天平载物盘或底板上。

（6）同一个实验应使用同一台天平进行称量，以免因称量仪器不同而产生误差。

（7）每次称量后应及时将被称物从天平上取走，并做好天平的清洁工作，必要时可用软毛刷或绸布抹净，或用无水乙醇擦净，以避免对天平造成污染而影响其称量精度。

（8）天平内应放置干燥剂（常用变色硅胶），且应定期更换，以免影响干燥剂的吸湿效果。

1.3.2 烘箱

1）操作规程

（1）通电前检查电源线路，确保绝缘良好，不能有漏电现象；加热器电阻丝之间不得有碰触,以防短路。

(2)合上电源刀闸,将电源开关拨至"开"的一侧。

(3)将样品依次放进烘箱,样品间需保持合适的间隔,然后关好密封门。

(4)将鼓风开关拨至"开"的一侧,起动烘箱的鼓风机。

(5)通过温度调节控制面板将温度调至规定值。

(6)将高温开关拨至"开"的一侧,升温指示灯(一般为红灯)亮起,表示烘箱内正在进行加热升温。

(7)待温度升至指定值后,恒温指示灯(一般为绿灯)亮起,烘箱内的工作环境变为恒温状态。

(8)记下恒温指示灯亮起的时间,并待恒温至指定时间后关闭高温开关。

(9)待烘箱内温度降至室温后打开烘箱密封门,取出样品。若不再继续烘烤别的样品,则同时关闭鼓风开关、电源开关,并拉下电源刀闸。

2)注意事项

(1)烘箱在使用过程中必须保持良好的接地状态。

(2)烘箱附近不得堆放油盆、油桶、棉纱、布屑等易燃易爆物品,烘箱顶部不准放置杂物,且不得在烘箱旁进行洗涤、刮漆和喷漆等工作。

(3)烘箱要按照铭牌上所规定的温度范围使用,且使用过程中应随时观察并调整箱内温度(温度应符合烘件工艺要求)。

(4)为防止被烫伤,在烘箱中取放样品时必须要戴手套,且取样品时必须等待烘烤完毕、样品冷却后才能进行开箱操作。同时,在烘箱中取放样品时一定要轻拿轻放。

(5)烘烤过程中要确保鼓风机工作正常。若鼓风机不能正常工作,则会导致产品烧焦及烘箱损坏。

(6)放入样品时,样品间应保持合适的间隔,注意不能摆放太密,也不能叠加摆放,以免影响烘烤效果;另外,样品不应直接摆放在烘箱设备的散热板上,以免影响热气流向上流动;同时,严禁烘焙易燃、易爆、易挥发及有腐蚀性的物品。

(7)保持烘箱内清洁,定期检查和清除烘箱内电阻丝旁的氧化皮。

1.3.3 电炉

1)操作规程

(1)将电炉摆放在敞开的台面上,然后将缠绕在电炉炉体上的电缆线从电炉炉体上展开。

（2）将待加热器皿放置在电炉上，必要时可在电炉和器皿之间垫上一层石棉网。

（3）插上电源，顺时针方向旋转电炉上的旋钮开关，逐渐增大加热功率至所需要的值。

（4）加热完成后，将旋钮开关逆时针旋转至关闭状态，然后拔掉电源。

（5）待电炉炉体冷却后将电缆线缠绕在炉体外围，并将电炉放回原存放的位置处。

2）注意事项

（1）电炉操作具有较高的危险性，使用前必须检查电缆线有无金属芯线外露。若有，必须及时更换电炉，以防触电。

（2）使用电炉前必须将电缆线从炉体上展开，不能缠绕在炉体上直接加热，以防高温造成电缆线外包皮熔化而导致漏电。

（3）电炉使用过程中严禁用湿手去接触插头，严禁触碰电阻丝。

（4）电炉加热过程中，其周围不得放置易燃、易爆物品，各种化学品也应尽可能远离炉体。

（5）电炉加热过程中炉丝及被加热器皿温度较高，严禁触碰，以防被烫。

1.3.4　游标卡尺

1）操作方法

（1）测量方法

① 测量外径

将待测物置于外测量爪之间，利用量爪紧紧相贴并钳住物品（如图 1 中黑圈所示），从而得出测量数据。

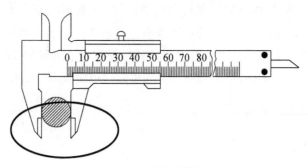

图 1　外径测量

② 测量内径

将内测量爪伸入物品内,张开后利用量爪紧紧相贴并撑住物品(如图 2 中黑圈所示),从而得出测量数据。

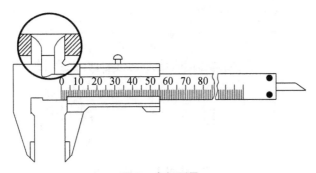

图 2　内径测量

③ 测量深度

将深度尺(如图 3 中黑圈所示)探入待测物体内,固定标尺,从而得出测量数据。

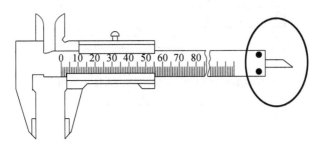

图 3　深度测量

(2) 读数方法

下面以测量物体的内径(见图 4)为例介绍游标卡尺的读数方法。

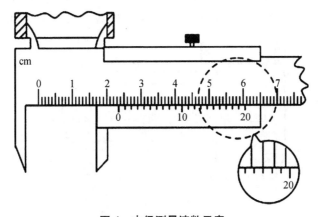

图 4　内径测量读数示意

① 观察副尺"0"的位置,它决定了读数的前两个数位上的具体数值大小。如图 5 所示,0 在 2.3 cm 的后面,即测量物体的内径为 2.3×× cm。

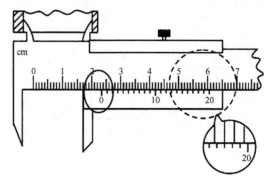

图 5 副尺"0"的位置示意

② 观察副尺分度(精确度),就是有多少个格。如图 6 所示,该副尺为 20 分度,则精确度为 0.05 mm(1 mm÷20 分度＝0.05 mm/分度)。

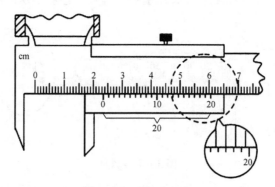

图 6 副尺分度示意

③ 读取副尺和主尺完全重合处的分度值。如图 7 所示,重合处与"20"差 3 格,即分度值为 17,又 1 分度为 0.05 mm,得出最后读数为 0.85 mm(0.085 cm)。

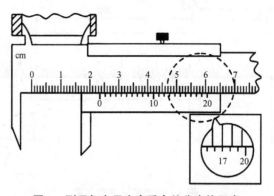

图 7 副尺与主尺完全重合处分度值示意

④ 由①和③得出所测物体的内径为 2.385 cm。

2）注意事项

（1）使用游标卡尺前，应先将两卡脚测量面擦拭干净，然后合拢两卡脚，检查副尺 0 线与主尺 0 线是否对齐（若未对齐，应根据原始误差修正测量读数）。

（2）测量工件时卡脚测量面必须与工件的表面平行或垂直，不得歪斜，且用力不能过大，以免卡脚变形或磨损而影响测量精度。

（3）读数时视线要垂直于尺面，否则读取的值不准确。

（4）测量内径尺寸时应轻轻摆动，以便找出最大值。

（5）游标卡尺用完后须擦净并抹上防护油，平放在盒内，以防生锈和弯曲。

1.3.5 恒温水槽

以 HK-1D 型恒温水浴槽为例（如图 8 所示），其主要包括智能化控制单元、不锈钢加热单元、无极调速搅拌（水浴为循环）系统和玻璃缸等。该恒温水槽的控温范围为（室温＋3）～100 ℃，控温精度为±0.2 ℃，加热功率为 1 000 W。

图 8　恒温水槽实物图

1）操作规程

（1）向恒温槽（玻璃缸）中放入约四分之三容积的蒸馏水（大约 230 mm 水位高度）。

（2）将恒温控制器的感温元件插入水浴缸盖上的孔中，且插入水位深度一般大于 50 mm 为宜。

（3）打开智能化控制单元面板上的电源开关，加热系统进入加热准备状态。

（4）开启搅拌电机的旋钮，使搅拌器以合适的转速进行转动。在搅拌器转动过程中应确保玻璃缸中水浴呈现稳定的湍流状态。

（5）按下控制面板上的"设定"按钮，使显示屏左侧的"控温"灯亮，按"＋1"键可使设定温度增加 0.01 ℃，按"－1"键使设定温度减少 0.01 ℃，而按"×10"键则使设定温度乘以 10 或清零。根据实验要求，设置好所需的温度后，再按"设定"按钮退出控温状态，此时显示屏左侧的"加热"灯亮起，不锈钢加热单元开始加热，水温逐渐上升。〔例如设置 25 ℃ 的过程如下：先连按 2 次"置数"键"＋1"，此时控温仪上显示为 0.02（℃），然后按"置数"键"×10"1 次，仪表上的示数放大 10 倍，变为 0.20（℃），再连按 5 次"置数"键"＋1"，此时控温仪上显示为 0.25（℃），接着按"置数"键"×10"1 次，仪表上的示数放大 10 倍，变为 2.50（℃），再按"置数"键"×10"1 次，仪表上的示数再次放大 10 倍，变为 25.00（℃）〕

（6）当水温升至设定的温度后便可进行相关的实验操作。

（7）实验完毕后关掉搅拌器使其停止搅拌，然后关掉控制单元面板上的水浴加热电源开关。

2）注意事项

（1）玻璃缸中水位不能过低，以防烧坏加热器，影响仪器正常使用。

（2）玻璃缸中水介质应隔一段时间就予以更换，特别当发现玻璃缸中水质变差时更应及时更换。

1.3.6　电动搅拌器

1）操作规程

（1）检查各个线路连接是否正常，然后调节水平调节螺栓，使电动搅拌器处于水平位置，将转速调节旋钮逆时针调到底（转速为 0），定时旋钮红星指向 OFF 处。

（2）接通电源，打开电源开关，缓慢转动转速调节旋钮，逐渐将搅拌器加速至合适的转速。

（3）旋转定时旋钮至合适时间。

2）注意事项

（1）电动搅拌器不使用时应清洁干净，将转速旋钮逆时针调至最低（转速为 0），定时旋钮调至 OFF 处，并将仪器放置于通风干燥处。

（2）电动搅拌器可根据所需搅拌物体的数量进行搅拌桨的更换，并根据实际情况选择合适材质和合适大小的搅拌桨。装卸搅拌桨时需保证电源开关处于关闭状态,旋转螺丝和固定螺栓均须拧紧,不得有任何松动。

（3）搅拌器长时间使用时会出现发热现象,此时应根据实际情况进行转速的调整或者关闭机器进行散热处理。搅拌器保养须由专人进行,未经过学习训练的人不得操作使用本仪器。

1.4 材料物理实验的数据处理

在理化参数的测量分析中,人们不仅要求测出这些物理量的数值,而且要求能判断分析结果的准确性。测量时,由于仪器及工具的构造精度和校正不完善、药品纯度与实验要求不符、观测者的视觉能力和技能水平的差异、实验者个人测量数据习惯不科学、计算公式中采用了一些假定和近似,以及观测时温度、湿度、大气折光等自然条件的变化等因素,往往会造成实验测得的数据只能达到一定程度的准确性,测量值和真实值之间必然存在着一个差值,即"测量误差"。为了提高所测数据的可信赖程度,就必须学会检查与分析产生误差的原因,并进一步研究消除误差的办法。

1.4.1 测定结果的准确度和精密度

1）准确度

准确度是指在一定实验条件下多次测定结果的平均值与真实值相符合的程度,常用误差来表示。若多次测定结果的平均值与真实值越接近,则误差越小,分析结果的准确度越高。误差一般有两种表示方式。

（1）绝对误差

绝对误差是指测量值对真实值偏离的绝对大小,其单位与测量值的单位相同,大小与真实值的大小无关,同时不能反映误差在整个测量结果中所占的比例。绝对误差的计算公式为

$$绝对误差(E)=测量值(X)-真实值(T)$$

即等于测得的结果与真实值之差。它的大小取决于测量过程中所使用的器皿种类和规格、仪器的精度以及测量者的观察能力等因素。

（2）相对误差

相对误差是指测量所造成的绝对误差(E)与被测量的真实值(T)之间的比值

再乘以 100％所得的数值。相对误差用百分数表示，它是一个无量纲的值，计算公式为

$$相对误差 = \frac{绝对误差}{真实值} \times 100\% = \frac{E}{T} \times 100\%$$

一般来说，相对误差可以反映误差对整个测量结果的影响，更能够反映测量的可信程度。

相对误差的大小既和被测量的真实值有关，也和绝对误差值有关。在测量过程中，有时虽然绝对误差相同，但由于被测量的真实值不同，相对误差的值也会随之发生改变。当绝对误差相同时，真实值越大的数据，相对误差越小。例如，用分析天平测量两个真实质量分别为 0.125 0 g 和 1.250 1 g 的样品，称得结果分别为 0.125 1 g 和 1.250 2 g，则它们的绝对误差均为 0.000 1 g，但相对误差却分别为

$$\frac{0.000\ 1}{0.125\ 0} \times 100\% = 0.08\%$$

$$\frac{0.000\ 1}{1.250\ 1} \times 100\% = 0.008\%$$

后者的相对误差仅为前者的 1/10。在进行实验数据分析时，对于不同质量的被测物体，均有相应的允许相对误差，这样便于合理比较各种情况下实验结果的准确度。

实际使用中，如果对某物理量进行了几次测量，则可用平均绝对误差代替绝对误差，以平均相对误差代替相对误差。

2）精密度

精密度是指测量结果的可重复性（也即平行试验的试验结果的接近程度）及所得数据的有效数字。重复性和再现性是精密度的两个极端值，分别对应于两种极端的测量条件：前者表示的是几乎相同的测量条件（称为重复性条件），衡量的是测量结果的最小差异；而后者表示的是完全不同的条件（称为再现性条件），衡量的是测量结果的最大差异。此外，还可考虑介于中间状态条件的所谓中间精密度条件。分析结果的精密度一般可用偏差来反映，它有以下几种表示方式。

（1）绝对偏差

绝对偏差是指个别测定的结果与 n 次重复测定结果的平均值之差，即 $x_i - \overline{x}$，其中 x_i 为任何一次测定结果的数据，$\overline{x}$ 为 n 次测定的结果的平均值。

（2）相对偏差

相对偏差是指测定的绝对偏差值在 n 次重复测定结果的平均值中所占的比

例,计算公式为

$$相对偏差 = \frac{绝对偏差}{n 次重复测定结果的平均值} \times 100\%$$

$$= \frac{x_i - \overline{x}}{\overline{x}} \times 100\%$$

(3) 平均偏差

平均偏差是指单次测定值与平均值的绝对偏差(取绝对值)之和与测定次数的商,即

$$\overline{d} = \frac{\sum\limits_{i=1}^{n} |x_i - \overline{x}|}{n}$$

它是代表一组测量值中任意数值的偏差,不计正负。

(4) 标准偏差

标准偏差是一种量度数据分布的分散程度的标准,用以衡量数据值偏离算术平均值的程度。如果标准偏差越小,这些值偏离平均值就越少。

当重复测定的次数 $n \to \infty$ 时,标准偏差用 σ 表示,计算公式为

$$\sigma = \lim_{n \to \infty} \sqrt{\frac{\sum\limits_{i=1}^{n} (x_i - \mu)^2}{n}}$$

式中,μ 为无限多次测定结果的平均值,称为总体平均值,即

$$\lim_{n \to \infty} \overline{x} = \mu$$

当重复测量次数 $n < 20$ 时,标准偏差用 s 表示,有

$$s = \sqrt{\frac{\sum\limits_{i=1}^{n} (x_i - \overline{x})^2}{n - 1}} \quad (n < 20)$$

准确度和精密度虽然是两个不同的概念,但它们之间存在着一定的联系:测量结果要想具备高的准确度就必须具备高的精密度;但高的精密度并不一定带来高的准确度,因为测量过程中如果存在系统误差,测定结果仍然可以获得较高的精密度,但此时准确度却不高。

1.4.2 测量分析中误差产生的原因

在进行测量分析的一系列操作过程中,即便技术相当熟练的测量者使用最准

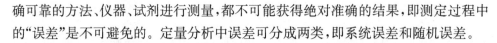

确可靠的方法、仪器、试剂进行测量,都不可能获得绝对准确的结果,即测定过程中的"误差"是不可避免的。定量分析中误差可分成两类,即系统误差和随机误差。

1) 系统误差

系统误差又叫做规律误差、可测误差,是在一定的测量条件下对同一个被测物体进行多次重复测量时,误差值的大小和符号(正值或负值)保持不变;或者在测量条件变化时,误差值按一定规律变化(前者称为定值系统误差,后者称为变值系统误差)。系统误差又主要分为以下几类:

(1) 方法误差

方法误差是由分析方法本身不完善或选用不当所造成的。例如重量分析中的沉淀溶解、共沉淀、沉淀分解等因素造成的误差,又如容量分析中滴定反应不完全、干扰离子的影响、指示剂不合适、其他副反应的发生等原因造成的误差。

(2) 仪器误差

仪器误差是指使用了未经校正的仪器或没有按规定条件使用仪器而造成的误差。例如使用的玻璃器皿、滴定管、移液管、容量瓶等,由于未经校正,使刻度数或容积与真实值不相等;又如使用的天平的灵敏度低、砝码本身重量不准确等。为克服仪器误差,使用仪器前应对其先进行校正,选用符合要求的仪器;或求出其校正值,并对测定结果进行校正。

(3) 试剂误差

试剂误差是指使用的试剂药品或蒸馏水不符合要求,其中含有影响测定的杂质而引起的误差。通过更换试剂,或通过空白试验测知误差的大小并加以校正,可以消除试剂误差。

(4) 操作误差

操作误差是指操作人员的生理缺陷、主观偏见、不良习惯或不规范操作而产生的误差。例如操作者对指示剂终点颜色的判断存在差异,又如操作者读取数据不准确等。操作误差因人而异,通过提高操作者的操作技能可以减少或消除操作误差。

系统误差的存在虽然对多次重复测定结果的精密度不造成影响,精密度数值可能非常好,但会影响到分析结果的准确度。由此可知,当评价分析结果时,不能仅凭精密度高就作出准确度高的结论,必须在校正了系统误差后再判断其准确度高低。

2) 随机误差

随机误差也称为偶然误差和不定误差,是由于在测定过程中一系列有关因素微小的随机波动(如测试过程中室温、相对湿度和气压等环境条件的波动等)而形成的具有相互抵偿性的误差,其值是不定的、可变的,大小和正负无一定的规律性。但当测量次数很多时,用统计方法可以发现它具有以下规律:

① 真值出现机会最多;

② 绝对值相近而符号相反的正、负误差出现机会相等;

③ 小误差出现的机会多,而大误差出现的机会较小。

上述规律可用正态分布曲线来表示。正态分布又叫高斯分布,它的特点是测试结果的均值出现的概率最大,位于正态曲线的正中央,正态曲线由测试结果均值处开始分别向左右两侧逐渐均匀下降(见图9)。图中,横轴代表测量值 x 出现的偏差大小,以标准偏差 σ 为单位(而 μ 代表真实值,即偏差为0);纵轴代表偏差出现的概率。对于化学分析而言,其偏差一般以 $\pm 2\sigma$ 作为允许的最大偏差。一般偏差绝对值大于 2σ 的测

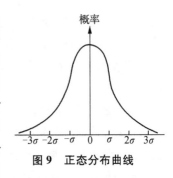

图9 正态分布曲线

定出现概率只有5%,而偏差绝对值大于 3σ 只有0.3%的概率(即1 000次测定中只会出现3次)。一般测定往往是有限次的,如果遇到个别数据偏差大于 3σ,可以认为其不属于偶然误差的范围了。同时,从上述正态分布曲线也可以找出偏差的界限。例如,若要保证测定结果有95%的出现概率,则测定的偏差界限应当控制在 $\pm 1.96\sigma$ 之内。

由上可知,在消除了系统误差以后,再用算术平均值来表示分析结果,并对测量结果的精密度进行评价是有一定的理论依据的。因此随机误差的大小可用"精密度"的大小来说明:分析结果的精密度越高,则随机误差越小;精密度越低,则随机误差越大。

但是对一个未考虑系统误差的分析结果,即使有很高的精密度,也不能说明测定结果有很高的准确度。而只有在消除了系统误差以后,精密度高的分析结果才是既准确又精密的结果。

比如,甲、乙、丙三位学生分别称量某样品的质量,甲的称量结果是1.222 2 g、1.222 3 g、1.222 2 g,乙的称量结果是1.230 2 g、1.230 3 g、1.230 2 g,丙的称量结果是1.230 3 g、1.231 3 g、1.220 5 g。假设样品的实际质量是1.222 2 g,则说明:甲的称量结果精密度、准确度均高;乙的称量结果精密度高,但准确度不高;丙的称量结果精密度和准确度均不高。

1.4.3 消除或减少误差、提高测量准确度的方法

欲提高测定结果的准确度,就必须消除或减少测定过程中的误差,具体方法如下。

1) 系统误差的消除或减少

(1) 实验过程中选用合适的测量仪器,或在实验前对所使用的仪器、器皿进行校正并求出校正值,同时尽量满足仪器使用的工作条件,以消除或减少仪器所带入的误差。校正值可从相关仪器的校正曲线获得,必要时可用已知量去代替被测量,并使仪表的工作状态保持不变。由已知量求得被测量,从而克服仪器自身带来的误差。

(2) 通过空白试验纠正试剂可能带入的系统误差。所谓"空白试验",即在不加入试样的情况下,根据所选用的测定方法,按同样的条件和同样的试剂进行分析,以检查试剂和器皿所引入的系统误差。

2) 随机误差的消除或减少

消除或减少随机误差最直接的方法是增加测量次数。在消除数据中的系统误差之后,算术平均值的误差将由于测量次数的增加而减小,平均值越趋近于真值。一般当测量次数达 10 次左右时,即使再增加测量次数,其精密度也不会有显著的提高,因而在实际应用中,根据经验只要仔细测定 3~4 次即可使随机误差减小到很小。同时,为消除或减少随机误差,实验操作过程中必须仔细、认真,严格按照测试操作规程进行操作,并对实验数据进行重复审查和仔细校核,尽可能减少记录和计算的错误。

1.4.4 有效数字及运算规则

1) 有效数字

(1) 有效数字的定义

有效数字是指分析工作中实际能够测量到的数字,包括最后一位可疑的、不确定的数字,而其中通过直接读取获得的准确数字叫做可靠数字。例如温度的测量值为 $(30.12 \pm 0.02)℃$,其中,30.1 是可靠数字,最后位数"2"是可疑的、不确定的。有效数字是根据测量仪器的精度而确定,记录和计算时只记有效数字,不必记录其他多余的数字。严格地说,一个数据若没有记明不确定范围,则该数据的含义是不清的。

（2）有效数字的位数确定

① 在有效数字中，直读获得的准确数字叫做可靠数字，最后一位是可疑的、不确定的数字。任何一个物理量的数据，其有效数字的最后一位，在位数上应该与误差的最后一位划齐，如 30.12 ± 0.02 是正确的，若写成 30.1 ± 0.02 或 30.12 ± 0.2，则意义不明确。

② "0"在数字的最前面不作为有效数字，"0"在数字的中间或末端都看作有效数字。例如 1.02 与 0.102 的有效数字同样是 3 位，而 1.020 则表示有 4 位有效数字。

③ 为了明确表明有效数字，凡用"0"表明小数点的位置，通常用乘 10 的相当幂次来表示，且统计有效数字时，"10"不包括在有效数字中。例如上述数值 0.102 可以写成 1.02×10^{-1} 或 10.2×10^{-2}，它们都为 3 位有效数字。对于像 10 120 cm 这样的数，如果实际测量时只能取 2 位有效数字，则应写成 1.0×10^4 cm；如果实际测量时可量至第 3 位，则应写成 1.01×10^4 cm；如果实际测量时可量至第 4 位，则应写成 1.012×10^4 cm。

④ 采用对数表示时，有效数字仅由小数部分的位数决定，首数（整数部分）只起定位作用，不是有效数字。例如 pH$=7.68$，则$[H^+]=2.1\times10^{-8}$ mol·L^{-1}，只有 2 位有效数字。

2）有效数字的运算规则

在分析测定过程中，往往要经过若干步测定环节，需要读取若干次准确度不一定相同的实验数据。对于这些数据，应当按照一定的计算规则合理地取舍各数据的有效数字的位数，这样既可节省时间，避免因计算过繁而引入错误，又能使结果真正符合实际测量的准确度。常用的基本规则如下：

（1）在表达的数据中，应当只有一位可疑数字。

（2）对于位数很多的近似数，当有效位数确定后，只保留至有效数字最末一位，再按照"四舍六入五成双"规则将其后面多余的数字舍去。即当后面多余数字第一位不大于 4 时，将多余数字直接舍去；当后面多余数字第一位不小于 6 时，则进上一位后再舍去；当后面多余数字第一位为 5 时，则应根据 5 后面的数字来定。具体来说，就是当 5 后有数时，舍 5 入 1；当 5 后无数时，需要分两种情况来讲：一是 5 前为奇数时舍 5 入 1，二是 5 前为偶数时舍 5 不进（0 是偶数）。例如，将 0.314，0.317，0.335 和 0.565 分别处理成只具有两位有效数字，则分别为 0.31，0.32，0.34 和 0.56。

（3）在加减法运算中，有效数字的位数的确定以绝对误差最大的数为准，也即取到参与运算的所有数据中最靠前出现可疑数字的那一位。例如，将 2.583，

20.06 和 0.013 05 三个数相加,根据上述原则,上述三个数的末位均是可疑数字,分别位于小数点后第 3、第 2 和第 5 位,它们的绝对误差分别为 ± 0.001,± 0.01 和 $\pm 0.000\ 01$。其中最靠前出现可疑数字、绝对误差最大的为 20.06,则以此数据为准可确定运算结果的有效数字位数为小数点后两位。运算时,先将其他数字依舍弃原则取到小数点后两位,然后再相加,得

$$
\begin{array}{r}
2.58 \\
20.06 \\
+)\ \ 0.01 \\
\hline
22.65
\end{array}
$$

再如,计算 19.68−3.523。在 19.68 和 3.523 两个数据中,最靠前出现可疑数字、绝对误差最大的是 19.68,因而运算时先将 3.523 按照舍弃原则取到小数点后两位,然后再相减,得

$$
\begin{array}{r}
19.68 \\
-)\ \ 3.52 \\
\hline
16.16
\end{array}
$$

(4) 在乘除运算中,运算后结果的有效数字位数以参与运算各数中有效数字位数最少的,即相对误差最大的数为准。例如,要求计算 3.21×15 的结果,3.21 和 15 的有效数字位数分别为 3 位和 2 位,相对误差分别为

$$
\frac{\pm 0.01}{3.21} \times 100\% = \pm 0.3\%
$$

$$
\frac{\pm 1}{15} \times 100\% = \pm 7\%
$$

其中有效数字位数最少、相对误差最大者为 15,为 2 位有效数字,所以运算结果也应取 2 位有效数字。又

$$
\begin{array}{r}
3.21 \\
\times)\ \ \ \ 15 \\
\hline
48.15
\end{array}
$$

故最终结果为 48(只有 2 位有效数字)。

另外,对于高含量组分(大于 10%)的测定,一般要求分析结果以 4 位有效数字报出;对于中等含量组分(1%~10%),一般要求以 3 位有效数字报出;对于微量组分(小于 1%),一般只以 2 位有效数字报出。在化学平衡计算中,一般保留 2 位或 3 位有效数字。计算 pH 时,因小数部分才是有效数字,只需保留 1 位或 2 位有效数字。当计算分析测定精密度和准确度时,一般只保留 1 位有效数字,最多取 2 位

有效数字。

在计算过程中还常会遇到一些分数。例如从 250 mL 容量瓶中移取 25 mL 溶液,即取 1/10,这里的"10"是自然数,可视为足够有效,不影响计算结果的有效数字位数。

再者,若某一数据的第一位数字大于或等于 8,其有效数字的位数可多算一位。例如 9.48,虽然只有 3 位有效数字,但它已接近 10.00,故可看成是 4 位有效数字。

目前,计算机及电子计算器的使用已相当普遍,由它们计算得到的结果中数据位数也较多。对于这些数据我们不能照抄,而应根据有效数字运算法则正确保留最后计算结果的有效数字。

1.4.5　实验结果的数据表达与处理

实验所得数据经归纳、处理后才能合理表达,从而得出令人满意的结果。材料物理实验数据的表示方法一般有列表法、作图法、数学方程和计算机数据处理法等。

1）列表法

所谓列表法,即根据实验数据一一对应列表,并把相应计算结果填入表格中。采用列表法处理数据简单清楚,列表时具体要求如下:

（1）表格必须具有简明完备的名称;

（2）表中每一行（或列）上都应详细写上该行（或列）所表示量（组分）的名称、数量单位和因次;

（3）表格中记录的数据应符合有效数字规则,数字的排列要整齐,位数和小数点要对齐;

（4）表格亦可表达实验方法、现象及反应方程式。

2）作图法

将列表法所做表格中的数据改用图像来表达,可更直观表达实验结果及其特点和规律。作图法的具体要求如下:

（1）作图应使用直角坐标纸,两个变量各占一个坐标,同时选定主变量和因变量,以横坐标表示主变量,以纵坐标表示因变量。

（2）每一对数据在图上就是一个点,以×,△,○等符号标出。画曲线时,先用淡铅笔轻轻地循各代表点的变化趋势手绘一条曲线,然后用曲线尺逐段吻合手描线作出光滑的曲线。当曲线不能通过所有代表点时,所描曲线应尽可能接近大多数的代表点,并使各代表点平均分布在曲线两侧,或使所有代表点到曲线距离的平方和为最小（符合最小二乘法原理）。在同一坐标纸上,可用不同颜色或不同符号

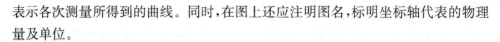

表示各次测量所得到的曲线。同时,在图上还应注明图名,标明坐标轴代表的物理量及单位。

3) 数学方程和计算机数据处理法

数学方程和计算机数据处理法是按一定的数学方程式编制计算程序,再由计算机完成数据处理、图表制作和曲线拟合等。

1.5 预习报告和实验报告

1.5.1 预习报告

预习是做好实验的前提和保证。在实验开始之前,学生应在对实验指导书及有关的操作技术认真预习的基础上给出提纲性小结,并完成预习报告。预习报告的内容应包括实验名称、实验目的、实验原理、实验装置简图、实验步骤以及预习中感觉有疑问或不理解的知识点。预习报告应在实验开始前或实验进行过程中交给实验指导教师检查,同时在实验过程中观察到的实验现象、收集得到的实验数据等也应及时记录在预习报告上。

1.5.2 实验报告

实验报告是在实验结束后,学生参照实验指导书上的内容并结合自己在实验过程中记录的数据及现象进行总结及数据处理。实验报告的内容应包括:

(1) 实验名称、日期。若是多人合作的实验,还需列出同组其他实验人员的名单。

(2) 实验目的、要求,并以条目的方式列出。

(3) 简明的实验原理。

(4) 实验装置简图,必须用直尺、圆规等绘图工具认真绘制,不得随手涂鸦。

(5) 实验步骤,尽可能以简图(流程图)、表格、化学式符号等表示。

(6) 实验数据记录与处理,即根据记录的实验现象进行讨论,对所记录的数据进行计算(必要时可以图表方式给出计算结果),并与理论值进行比较,分析产生误差的原因。

(7) 对思考题的回答及讨论、建议等,包括实验心得、体会、存在的问题及失败原因分析等。

多人一组的实验,每位学生均应独立进行实验数据处理,独立完成各自的实验报告。

第 2 章 材料的性能测试

2.1 金属材料的拉伸性能实验

2.1.1 实验目的

（1）观察低碳钢和铸铁在拉伸过程中的各种现象，加深对材料拉伸过程中屈服、强化、颈缩等概念的理解；

（2）根据拉伸过程中外力和变形间的关系，测定低碳钢和铸铁的抗拉强度 R_m、断后伸长率 A 以及低碳钢的屈服强度 σ_s；

（3）观察断口，对比分析低碳钢和铸铁两种金属材料的拉伸性能和破坏特点，加深对脆性断裂和韧性断裂的理解。

2.1.2 实验原理

常温、静载下的轴向拉伸实验是材料力学实验中最基本、应用最广泛的实验之一，也是金属材料的研制、生产和验收最主要的测试项目之一，拉伸实验过程中的各项强度和塑性性能指标是反映金属材料力学性能的重要参数，对材料力学的分析计算、工程设计、材料选择和新材料开发都有极其重要的作用。

依据 GB/T 228—2002《金属材料室温拉伸实验方法》，现对低碳钢、铸铁分别叙述如下。

1）低碳钢试样

图 1(a)为低碳钢试样拉伸试验时典型的力-位移（$F - \Delta L$）曲线。假设试样的原始横截面面积为 S_0，试样的原始标距为 L_0，拉力为 F，位移为 ΔL，则 F/S_0 被称之为应力，$\Delta L/L_0$ 被称之为应变。以应力为纵坐标、应变为横坐标作曲线，则可得到其在拉伸实验过程中的应力-应变曲线，该曲线的变化趋势和图 1(a)所示的力-位移（$F - \Delta L$）曲线相似，可分为四个阶段。

（1）弹性阶段 OB'

该阶段又分为两个阶段。第一阶段为 OA 段，拉力和伸长成正比关系，即随着荷载的增加，应变随应力成正比增加，完全遵循胡克定律。此时如果将荷载卸除，试件将恢复原状,表现为弹性变形,而与 A 点相对应的应力称为弹性极限。在这一范围内,应力与应变的比值为一常量,称为弹性模量,用 E 表示。第二阶段为 AB' 段,此时,随着应力继续增加,应力和应变的关系不再是线性关系,但变形仍然是弹性的,即卸除拉力后变形仍能完全消失。

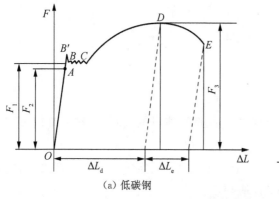 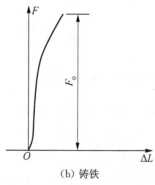

（a）低碳钢　　　　　　　　　　（b）铸铁

图 1　拉伸曲线

（2）屈服阶段 $B'C$

当应力超过弹性极限到达 B' 点后,试样变形进入塑性区域,试样呈现出塑性行为,到达 B 点后,应力-应变曲线呈锯齿状,此区域中变形仍在继续增加,但应力几乎不变,钢材抵抗外力的能力发生了"屈服"。此时万能试验机上表现为位移在增大,但显示力的指针几乎不动或来回窄幅摇动。材料发生屈服时的应力称为屈服点（屈服应力）,而万能试验机示力盘的指针首次回转前的最大力和不计初始瞬时效应时的最小力分别所对应的应力为上、下屈服点。发生屈服时,虽然钢材尚未被破坏,但已不能满足使用要求,故设计中一般以屈服点作为强度的取值依据,且由于上屈服点容易受变形速度及试样形状等因素的影响,而下屈服点相对比较稳定,故工程中一般只定下屈服点。

试样发生屈服,力首次下降前的最大应力称之为上屈服强度 R_{eH}；屈服期间,不计初始瞬时效应时的最低应力称之为下屈服强度 R_{eL}（如图 2 所示）。

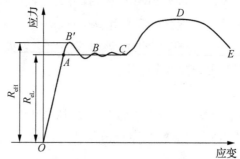

图 2　上、下屈服强度示意图

（3）强化阶段 CD

过了屈服阶段以后,试样材料因塑性变形其内部晶体组织结构得到了重新调整,抵抗塑性变形的能力又重新提高,变形发展速度比较快,并随着应力的提高而增强。在强化阶段卸载,弹性变形会随之消失,塑性变形将会永久保留下来。

（4）颈缩和断裂阶段 DE

对于塑性材料来说,此阶段的变形迅速增大,而应力反而下降。试件在拉断前,于薄弱处截面显著缩小而产生"颈缩现象",直至断裂。试样拉断后,弹性变形立即消失,而塑性变形则保留在拉断的试样上。塑性表示钢材在外力作用下发生塑性变形而不破坏的能力,它是反映钢材性能的一个非常重要的指标。

2）铸铁试样

铸铁试样拉伸试验时的力-位移($F-\Delta L$)曲线如图 1(b)所示。其在整个拉伸过程中变形很小,且无屈服、颈缩现象,拉伸曲线无直线段,可以近似认为经弹性阶段直接断裂,其断口是平齐粗糙的。

2.1.3　实验仪器及设备

本实验所需仪器及设备如下:

（1）电子万能试验机;

（2）试样分划器(SH-350 型),由武汉格莱莫检测设备有限公司生产;

（3）游标卡尺。

2.1.4　实验步骤

1）试样准备

（1）取圆形试样 1 根,测量其在标距内的初始直径 d_0(在不同位置处测 3 次取平均),然后按照 $L_0 = 10d_0$ 确定试件的标距 L_0 并制样(如图 3 所示)。

（2）在试样的原始标距长度 L_0 范围内,用试样分划器等分 10 个标记点,并确定标距的端点,以便观察标距范围内沿轴向变形的情况和试样破坏后测定断后延伸率。

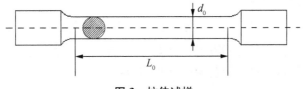

图 3　拉伸试样

（3）用游标卡尺测量标距的两端及中间处的两个相互垂直方向上的直径,并

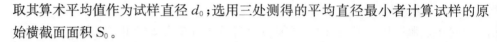

取其算术平均值作为试样直径 d_0；选用三处测得的平均直径最小者计算试样的原始横截面面积 S_0。

2）试验机准备

根据低碳钢的抗拉强度及试样的原始横截面面积估计试验所需的最大荷载，并据此选择合适的量程，然后打开试验机控制电脑，选择相应的测试软件并调零。

3）装夹试样

将试样一端夹于试验机上钳口内，然后移动试验机下钳口使其到达适当位置，再将试样另一端夹于下钳口内。夹样时必须确保试样最终被垂直夹持，并在钳口内有足够的夹持长度。

4）装载电子引伸计

将电子引伸计安装在低碳钢试样上。

5）加载试验

（1）低碳钢试样

起动试验机，对试样进行均匀缓慢地加载（加载速率为 $6 \sim 60$ MPa/s）。加载过程中需注意示力指针的转动情况，并观察拉伸过程各阶段中的实验现象。若主动针不动或倒退，说明材料开始屈服，记下上屈服点的屈服载荷值 F_{eH}（主动针首次回转时的最大力）、下屈服点的屈服载荷值 F_{eL}（屈服过程中不计初始瞬时效应时的最小力或主动针首次停止转动的恒定力）。在强化阶段的任一位置卸载后再加载进行冷作硬化现象的观察；此后，待主动针再次停止转动而缓慢回转时，材料进入颈缩阶段，注意观察试样的颈缩现象；之后继续加载直至试样断裂，记录最大载荷值 F_m。

（2）铸铁试样

起动试验机，对试样进行均匀缓慢地加载，直至试样断裂，记录其最大载荷值 F_m。

试样被拉断后立即停机，并取下试样。

6）试样断后尺寸测定

对于拉断后的低碳钢试样，观察试样断口形貌和位置，然后将断裂后的试样对接在一起，保持轴线一致，分别测量断裂后的标距 L_U 和颈缩处的最小直径 d_U（要求沿相互垂直的方向分别测量一次，取平均值）。

7）结束实验

按程序关闭控制电脑，关闭各个电源，将工具复原，然后打扫周边卫生，结束实

验。同时,实验记录应交给指导教师检查。

2.1.5 实验数据记录与处理

1) 数据记录(见表1～表3)

表 1 试样原始尺寸

材料	原始标距 L_0(mm)	试样直径 d_0(mm)									原始横截面面积 S_0(mm²)
		截面Ⅰ			截面Ⅱ			截面Ⅲ			
		1	2	平均	1	2	平均	1	2	平均	
低碳钢											
铸铁											

表 2 载荷值

材料	上屈服点的屈服载荷值 F_{eH}(kN)	下屈服点的屈服载荷值 F_{eL}(kN)	最大载荷值 F_m(kN)
低碳钢			
铸铁	—	—	

表 3 试样断后尺寸

材料	原始标距 L_0(mm)	断裂后的标距 L_U(mm)	断后伸长 $L_U - L_0$(mm)	断后颈缩处最小直径 d_U(mm)			断后最小横截面面积 S_b(mm²)
				1	2	平均	
低碳钢							
铸铁							

2) 数据处理

(1) 低碳钢

根据式(1)计算上屈服强度:

$$R_{eH} = \frac{F_{eH}}{S_0} \qquad (1)$$

根据式(2)计算下屈服强度:

$$R_{eL} = \frac{F_{eL}}{S_0} \qquad (2)$$

根据式(3)计算抗拉强度:

$$R_m = \frac{F_m}{S_0} \qquad\qquad (3)$$

根据式（4）计算断后延伸率：

$$A = \frac{L_U - L_0}{L_0} \times 100\% \qquad\qquad (4)$$

根据式（5）计算断面收缩率：

$$x = \frac{S_0 - S_b}{S_0} \times 100\% \qquad\qquad (5)$$

（2）铸铁

根据式（6）计算抗拉强度：

$$R_m = \frac{F_m}{S_0} \qquad\qquad (6)$$

（3）分别绘制低碳钢和铸铁拉伸过程中的 $F - \Delta L$ 曲线，并对实验中的各种现象进行比较分析。

2.1.6　实验注意事项

采用试样分划器等分试样时，等分刻划应在满足试样使用的前提下尽可能从轻操作，避免对试样断裂产生影响。

2.1.7　思考题

（1）低碳钢试样在拉伸过程中其截面积会明显减小，但计算其抗拉强度时，一般采用原始横截面面积进行计算，而不采用断后最小横截面面积进行计算，为什么？

（2）材料和横截面大小相近的一根长、一根短两个试样，最后测得的实验结果是否基本相同？为什么？

（3）拉伸实验中，低碳钢的应力-应变曲线（力-位移曲线）和铸铁的应力-应变曲线（力-位移曲线）是否相同？低碳钢试样从施力至实验结束会发生哪些现象？

2.2　聚乙烯塑料的拉伸性能实验

2.2.1　实验目的

（1）了解并掌握塑料拉伸实验样品的制作方法；

（2）了解电子万能试验机的基本结构，掌握电子万能试验机的基本操作；

（3）了解影响聚合物材料拉伸性能实验结果的因素。

2.2.2 实验原理

拉伸实验是材料力学实验中最常见、最重要的实验之一，该项实验所得到的材料强度和塑性性能数据，对于材料设计和选材、新材料的研制、材料的采购和验收、产品的质量控制、设备的安全和评估等都有很重要的应用或参考价值。

在规定的实验温度、湿度和实验速度下，在标准试样上沿轴向施加拉伸载荷直至其断裂，在断裂前试样承受的最大载荷与试样横截面面积的比值叫作拉伸强度，单位为 N/mm^2（MPa）。试样宽度在拉伸过程中是随试样的伸长而逐渐减小的，但在工程上一般采用起始尺寸来计算拉伸强度。又由于在整个拉伸过程中，聚合物的应力和应变关系不是线性的，只有当变形很小时才可视其为胡克弹性体，因此，拉伸弹性模量（即杨氏模量）通常由拉伸起始阶段的应力与应变的比值来表示。

2.2.3 实验试样

1）试样形状及尺寸

聚合物拉伸试样的形状及尺寸如图 4 所示。

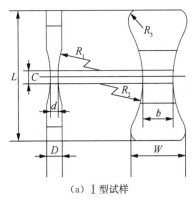

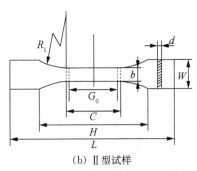

（a）Ⅰ型试样

（b）Ⅱ型试样

L—总长（110±1）；C—平行部分长度（10）；b—平行部分宽度；d—平行部分厚度（6±0.5）；W—端部宽度（25±0.5）；D—端部厚度（10±0.5）；$R_1=75$；$R_2=75$；$R_3=7$

L—总长（170）；C—平行部分长度（55±0.5）；b—平行部分宽度（10±0.2）；W—端部宽度（20±0.2）；$R_1=75$；H—夹具间的距离（110）；d—厚度；G_0—标距或有效部分（50±0.5）

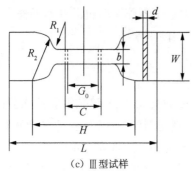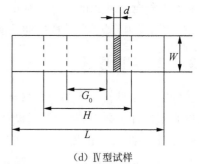

（c）Ⅲ型试样　　　　　　　　　　（d）Ⅳ型试样

L—总长(110)；C—平行部分长度(25±0.5)；b—　　L—总长(120)；G_0—标距或有效部分(50±0.5)；

平行部分宽度(6.5±0.1)；d—厚度；W—端部宽　　W—端部宽度(10)；H—夹具间的距离(80)；d—

度(25)；R_1＝14；R_2＝25；G_0—标距或有效部分(25　　试样厚度

±0.5)；H—夹具间的距离(75)

图 4　聚合物拉伸试样形状及尺寸

2）试样的选择

（1）热固性模塑材料：用Ⅰ型。

（2）硬板：用Ⅱ型，其中 L 可大于 170 mm。

（3）硬质、半硬质热塑性模塑材料：用Ⅱ型，其中厚度 $d=(4\pm0.2)$ mm。

（4）软板、片：用Ⅲ型，其中厚度 $d\leqslant2$ mm。

（5）薄膜：用Ⅳ型。

本实验选用Ⅱ型试样。

3）试样要求

（1）试样制备应符合相关规定，试样外观应无明显的缺陷，包括凹坑、杂质斑点、边角脱落等。

（2）硬板厚度 $d\leqslant10$ mm 时，以原厚为试样厚度；当厚度 $d>10$ mm 时，应从一面加工成 10 mm，或按具体标准进行加工。

（3）测量弹性模量的试样，其厚度为 4～10 mm。

（4）每组试样不少于 5 个。

2.2.4　实验条件

（1）实验速度（空载）的分类

A：(10±5) mm/min；

B：(50±5) mm/min；

C：(100±10) mm/min 或(250±50) mm/min［当相对伸长率≤100％时以

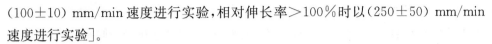

（100±10）mm/min 速度进行实验,相对伸长率＞100％时以（250±50）mm/min 速度进行实验]。

（2）实验速度的选择

① 热固性塑料、硬质热塑性塑料:用 A 速度;

② 伸长率较大的硬质热塑性塑料和半硬质热塑性塑料(如尼龙、聚乙烯、聚丙烯、聚四氟乙烯等):用 B 速度;

③ 软板、片、薄膜:用 C 速度。

本实验选用 B 速度。

（3）测定模量时,速度为 1～5 mm/min,测变形准确至 0.01 mm。

2.2.5　实验仪器及设备

本实验所使用的主要设备为 CMT4204 型电子万能试验机,由深圳新三思材料检测有限公司生产(如图 5 所示)。

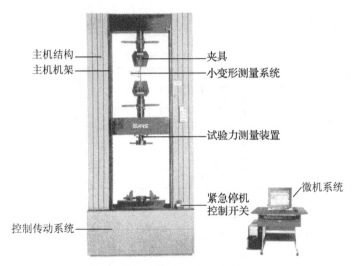

主机结构
主机机架
夹具
小变形测量系统
试验力测量装置
微机系统
紧急停机控制开关
控制传动系统

图 5　CMT4204 型电子万能试验机

2.2.6　实验步骤

（1）根据相关要求,预先调节好试验环境并处理好试样。

（2）在试样标距内 3 个不同位置处分别测量其厚度和宽度(准确至 0.05 mm),并分别计算厚度和宽度的算术平均值。

（3）若需要测伸长,则应在试样平行部分做上标线(此标线应从轻刻划,对测试结果不应产生影响),或安装引伸计。

（4）利用试验机上的夹具将试样两端夹住。夹具夹持试样时,要确保试样纵轴与上、下夹具中心连线相重合,并且要松紧适宜,以防止试样滑脱和断在夹具内。

（5）按照试验机事先内置的程序依次输入各种参数,如样品平均宽度、样品平均厚度等,再次检查试样是否已夹好,然后点击鼠标,将起初的变形等值归零。一切准备就绪后选择合适的拉伸速率,点击"开始",拉伸试验便得以进行。

（6）试样断裂后,机器将自动储存相关的试验结果,此时根据需要可查看本次试验的应力-应变、力-位移等曲线。点击"继续试验",可继续进行其他样品的拉伸试验。当一组样品全部检测完毕,可点击"生成报告"图标,机器将自动以图表的形式给出此组拉伸性能试验的结果。

（7）每个样品的断裂均应发生在标线以内,若标线之外的部位发生断裂,则此试样应作废,另取试样补做。测定模量时,应使用引伸计更加准确地测量变形。

2.2.7 实验数据记录与处理

1）数据记录（见表 4）

表 4　拉伸实验数据

编号	标距 L(mm)	宽度 b(mm)				厚度 d(mm)				最大载荷 F(N)
		1	2	3	平均	1	2	3	平均	
1										
2										
3										
⋮										

2）数据处理

（1）按式（1）计算拉伸强度、拉伸断裂应力、拉伸屈服应力 σ_t（MPa 或 N/mm²）:

$$\sigma_t = \frac{F}{bd} \tag{1}$$

式中,F——最大载荷(N);

　　b——试样宽度(mm);

　　d——试样厚度(mm)。

（2）按式（2）计算断裂伸长率 ε_t（%）:

$$\varepsilon_t = \frac{L - L_0}{L_0} \times 100\% \tag{2}$$

式中，L_0——试样原始标线距离（mm）；

　　L——试样断裂时标线距离（mm）。

（3）弹性模量 E（MPa 或 N/mm^2）

作应力-应变曲线，从曲线的初始直线部分取值，按式（3）计算弹性模量 E：

$$E = \sigma / \varepsilon \qquad\qquad\qquad (3)$$

式中，σ——应力；

　　ε——应变。

（4）σ_t 取 3 位有效数字，ε_t 和 E 取 2 位有效数字，以它们各自的算术平均值表示计算结果。

2.2.8　实验注意事项

（1）做塑料薄膜拉伸实验时，夹持薄膜时应在夹具内垫橡胶之类的弹性材料，且薄膜拉伸所用的拉伸试验机量程一般小于塑料板材拉伸实验所用拉伸试验机的量程，应注意量程的变化。

（2）拉伸速率对实验结果存在影响，当进行批量对比测试时，应确保每次拉伸速率相同。

2.2.9　思考题

（1）影响聚乙烯塑料拉伸性能实验结果的因素有哪些？它们是如何影响的？

（2）何为引伸计？它在塑料拉伸性能测试中有何作用？

（3）如何选择试验机的量程？

2.3　聚乙烯塑料的弯曲性能实验

2.3.1　实验目的

（1）了解并掌握塑料弯曲实验样品的制作方法；

（2）巩固了解电子万能试验机的基本结构，掌握电子万能试验机的基本操作；

（3）掌握三点弯曲法测定聚乙烯塑料弯曲性能的实验步骤，了解影响聚合物材料弯曲性能实验结果的因素。

2.3.2　实验原理

弯曲强度，或称挠曲强度，是在规定的实验条件下把标准试样支撑成横梁，然后施加静弯曲力矩(如图6所示),使其在跨度中心以恒定速度弯曲,直到试样断裂或变形达到规定挠度值时的最大弯曲应力,单位为 MPa。取实验过程中的最大载荷,再根据相关公式便可计算出材料的弯曲强度及弯曲模量。

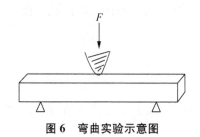

图6 弯曲实验示意图

目前最为常见的弯曲性能测试方法为静态三点弯曲法,即利用两个支座在试样两端一定位置处对试样进行支撑,然后用一压头在试样中部加压,使试样发生弯曲变形,测试弯曲应力随挠度的变化。

另一种弯曲性能测试方法为四点弯曲法,和三点弯曲法的不同之处在于其有两个压头对试样进行施力,且两个压头之间的距离以及各个压头与其邻近支座之间的距离都相等。

弯曲性能实验也可以让试样一端固定,而在试样另一端施加载荷,或者采用圆形截面的试样。

当塑料或复合材料作为结构材料使用时,常会受到弯曲应力的作用,材料能否承受该弯曲应力的长期作用主要取决于其弯曲性能。因而,和拉伸性能一样,弯曲性能是塑料或复合材料最基本的力学性能之一。塑料或复合材料的弯曲性能可通过弯曲强度实验进行测试,其结果可为工程应用中的选材提供指导依据,确保材料在使用过程中不会因为受到弯曲作用而发生破坏。

2.3.3 实验试样及设备

(1) 实验试样:截面为长方形的聚乙烯塑料棒,长为(80 ± 10)mm,宽为(10.0 ± 0.2)mm,厚为(4 ± 0.2)mm,且表面无气泡、凹坑、裂纹、分层等缺陷。每组实验的试样数不少于5个。

(2) 实验设备:CMT4204 型电子万能试验机,由深圳新三思材料检测有限公司生产(见图5)。

2.3.4 实验条件

(1) 实验跨度:$L=(10d\pm0.5)$ mm,其中 d 为试样厚度。

(2) 实验速度(空载)与压头半径的选取：当试样厚度 $d > 4$ mm 时，速度 $v = (1 \sim 3d)$ mm/min，压头半径 $r_1 = (5 \pm 0.1)$ mm；当试样厚度 $d < 4$ mm 时，速度 $v = 5d$ mm/min，压头半径 $r_2 = (2 \pm 0.1)$ mm。

(3) 规定挠度：挠度值 D(mm)的计算公式为

$$D = \frac{L^2 \gamma}{6d} \tag{1}$$

式中，γ——外部纤维最大应变值(0.048 mm/mm)；

$\quad L$——试样跨度(mm)；

$\quad d$——试样厚度(mm)。

对于标准试样规定挠度为 8.0 mm，标准小试样规定挠度为 3.2 mm，其他不同厚度的板材的规定挠度按式(1)进行计算。

2.3.5　实验步骤

(1) 按要求调节实验环境和处理试样。

(2) 在试样中间部位 3 个不同位置处分别测量试样的宽度和厚度，并分别计算宽度和厚度的算术平均值(要求测量准确至 0.05 mm)。

(3) 安装好三点式试样支架，调节好跨距。

(4) 根据试样断裂的负荷选择合适的负荷范围。

(5) 按照试验机事先内置的程序依次输入各种参数，如试样平均宽度、试样平均厚度、跨距等，然后将试样放于支架上(若是一面加工的试样，应使加工面朝向压头)，压头应位于试样的中央并与试样保持线接触，且压头与试样宽度的接触线垂直于试样长度方向。再次检查确认试样是否已放好，然后点击鼠标，将起初的变形、力等参数值归零。当一切准备就绪，选择好合适的加载速率，点击"开始"进行弯曲实验。

(6) 试样断裂后，机器将自动储存相关的试验结果，此时根据需要可查看此次试验的应力-应变、力-位移等曲线。点击"继续试验"，可继续进行其他样品的弯曲试验。当一组样品全部检测完毕，点击"生成报告"图标，机器将自动以图表的形式给出此组试样弯曲性能实验的结果。

(7) 一般性的弯曲实验中，在规定挠度前(或之时)出现断裂的材料，记录断裂弯曲负荷值，出现最大负荷时记录最大负荷值；在达到规定挠度时，不断裂的材料测定规定挠度时的弯曲负荷值。如果样品有特殊的要求，可按要求测定超过规定挠度的弯曲负荷值，此时的弯曲强度可按下面的公式(2)进行计算，所得弯曲强度称为表观弯曲强度。

(8) 若试样断裂在试样跨度三等分中间部分以外,所得数值应作废,另补试样重新进行实验。

2.3.6 实验数据记录与处理

1) 数据记录(见表5)

表5 弯曲试验数据

编号	标距 L(mm)	宽度 b(mm)				厚度 d(mm)				最大载荷 F(N)	规定挠度时的弯曲负荷 F(N)
		1	2	3	平均	1	2	3	平均		
1											
2											
3											
⋮											

2) 数据处理

可由电脑按照预先设计好的计算程序自动生成表格式结果,也可通过人工计算获得结果。其中,弯曲应力或弯曲强度 σ_f(MPa)按下式计算:

$$\sigma_f = \frac{3FL}{2bd^2} \tag{2}$$

式中,F——试样所承受的弯曲负荷(规定挠度时的负荷、破坏负荷、最大负荷)(N);

L——试样跨度(mm);

b——试样宽度(mm);

d——试样厚度(mm)。

2.3.7 实验注意事项

(1) 当不可能或不希望采用推荐试样时,试样长度 l 和厚度 d 的比值应符合

$$\frac{l}{d} = 20 \pm 1$$

而试样宽度应采用表6给出的规定值。

表 6　与厚度相关的宽度值

公称厚度 d(mm)	宽度 b(±0.5 mm)	
	热塑性模塑和挤塑料以及热固性板材	织物和长纤维增强的塑料
$1<d\leqslant3$	25.0	15.0
$3<d\leqslant5$	10.0	15.0
$5<d\leqslant10$	15.0	15.0
$10<d\leqslant20$	20.0	30.0
$20<d\leqslant35$	35.0	50.0
$35<d\leqslant50$	50.0	80.0

（2）弯曲强度的精确计算公式应为

$$\sigma_f=\frac{3FL}{2bd^2}\left(1+\frac{4d^2}{L}\right) \tag{3}$$

上式中括号内的数值为修正值，如果修正值在 10％ 以下可忽略不计。对大试样来讲，挠度控制在 15 mm 之内（小试样挠度控制在 6 mm 之内），若要求测定挠度大于 15 mm（或 6 mm）的弯曲强度，则应考虑修正值，并按式（3）计算弯曲强度大小。

2.3.8　思考题

（1）弯曲性能和拉伸性能分别反映了塑料的什么特性？

（2）影响弯曲性能实验结果的因素有哪些？它们是如何影响的？

（3）三点弯曲实验中支座跨距的选择依据是什么？

2.4　金属材料的冲击实验

2.4.1　实验目的

（1）观察分析低碳钢和铸铁两种金属材料在常温冲击下的破坏情况和断口形貌，并进行比较；

（2）测定低碳钢和铸铁两种金属材料的冲击韧性值 α_K；

（3）了解冲击实验的操作方法。

2.4.2　实验原理

衡量金属材料抵抗动载荷或外来冲击负荷能力的指标用冲击韧度来表示，冲击韧度指标的实际意义在于揭示金属材料的脆化趋势。冲击韧度是通过冲击实验来测定的,一般由冲击韧性值(α_K)和冲击功(A_K)表示,其单位分别为 J/cm^2 和 J。金属材料冲击韧度的实验结果受多种因素影响,材料的化学成分、热处理状态、显微组织、冶炼方法、内在缺陷、加工工艺及环境温度等都可导致材料冲击韧度的不同。所以,冲击实验的测定结果一般不能直接用于工程计算,但它可以作为判断金属材料的一个定性指标,包括可评定金属材料的冶金质量及热加工后的产品质量,评定金属材料在不同温度下的脆性转化趋势,评定低碳钢材料经过冷加工变形后长期处于高温或较高温度下工作的应变时效,另外还可用于评定金属材料的缺口敏感性等。

测定冲击韧度的实验方法有多种,国际上大多数的国家所进行的常规实验为简支梁式的冲击弯曲实验。一般在室温下进行的实验采用 GB/T 229—2007《金属材料 夏比摆锤冲击试验方法》,本实验也是基于该法介绍金属材料冲击韧度的测定方法。

冲击实验是在冲击试验机上进行的(如图 7 所示),其原理如图 8 所示。实验时,把试样放在试验机支座上,将摆锤举到 A 位置处,其仰角为 α,高度为 H,然后让摆锤自由落下,冲断试样后,摆锤扬到 C 位置处,升角为 β。

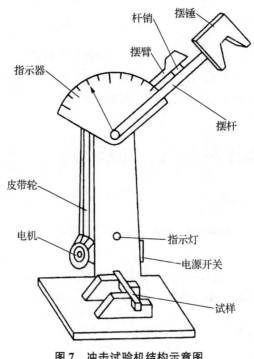

图 7 冲击试验机结构示意图

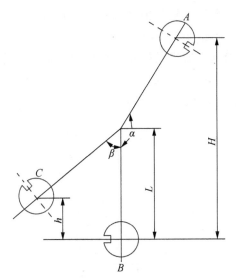

图 8　冲击试验原理图

摆锤在 A 处所具有的势能为

$$E_A = GH = GL(1-\cos\alpha) \qquad (1)$$

式中, G——摆锤的重量 (N);

　　 L——摆长, 即摆轴到摆锤重心的距离 (mm)。

冲断试样后, 摆锤在 C 处所具有的势能为

$$E_C = Gh = GL(1-\cos\beta) \qquad (2)$$

根据能量守恒原理, 冲断试样所消耗的冲击功 A_{KU} 应等于摆锤在实验前后的势能差, 即

$$A_{KU} = E_A - E_C = GL(\cos\beta - \cos\alpha) \qquad (3)$$

2.4.3　实验试样及仪器、设备

(1) 实验试样:长度为 55 mm, 横截面为 10 mm×10 mm 方形截面, V 型缺口有 45°夹角, 深度为 2 mm, 底部曲率半径为 0.25 mm。同时, 试样缺口根部应光滑, 无影响吸收能的明显划痕。

(2) 实验仪器、设备:手动冲击试验机, 要求摆锤预扬角为 135°, 冲击速度约为 5 m/s;游标卡尺。

2.4.4　实验步骤

(1) 测量试样的几何尺寸及缺口处的横截面尺寸。

（2）根据材料冲击韧性的估计值来选择试验机的摆锤和表盘,试样吸收能量 A_{KU} 不应超过实际初始势能 E 的 80%。

（3）将规定几何形状的缺口试样置于试验机砧座的两个支座之间,并确保紧挨在两个钳口支座上,且缺口背向打击面放置,试样缺口对称面偏离两支座间的中点的距离应不大于 0.5 mm(如图 9 所示)。

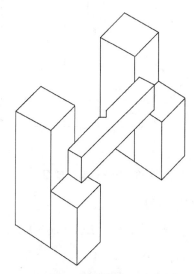

图 9 试样的摆放方式

（4）进行冲击试验,先将摆锤举起到高度为 H 处并锁住,然后释放摆锤;冲断试样后,待摆锤扬起到最大高度即将回落时立即刹车,使摆锤停住。

（5）读取每根试样的冲击吸收能量 A_{KU}(精确到 0.5 J),再取下试样,观察断口。

（6）试验完毕,将试验机复原。

2.4.5 实验数据记录与处理

1) 数据记录(见表 7)

表 7 冲击实验数据

编号	低碳钢		铸铁	
	A_{KU}(J)	S_0(cm^2)	A_{KU}(J)	S_0(cm^2)
1				
2				
3				

2）数据处理

（1）计算冲击韧性值 α_K：

$$\alpha_K = \frac{A_{KU}}{S_0}(J/cm^2) \tag{4}$$

式中，A_{KU}——V 型缺口试样的冲击吸收功（J）；

　　　S_0——试样缺口处断面面积（cm^2）。

（2）比较分析低碳钢和铸铁这两种材料在抵抗冲击时所吸收的功以及破坏断口的形貌特征。

2.4.6　实验注意事项

（1）实验前必须检查试验机各机构是否处于正常状态，摆锤摆动范围内不得有障碍物。

（2）安装试样前严禁抬高摆锤；摆锤抬起后，在摆锤摆动范围内严禁站人或行走；实验时操作人员以及观察人员一定要在安全警戒线以外，以免受到实验影响，保证其人身安全。

（3）应事先配好安全罩。

（4）试样标记应远离缺口，且不应标在与支座、砧座或摆锤刀刃接触的面上，以避免塑性变形及表面不连续而对吸收冲击能量产生影响。

（5）试样的尺寸、缺口的形状、实验温度等的变化及读数的准确度均影响最后冲击韧性值的大小，因而在实验过程中应详细记录具体参数，读数时尽可能减少误差。

2.4.7　思考题

（1）冲击韧性值 α_K 为什么不能用于定量换算，而只能用于相对比较？

（2）冲击试样为什么要开缺口？

2.5　聚乙烯塑料的冲击实验

2.5.1　实验目的

（1）掌握聚乙烯塑料冲击实验样品的制作方法；

（2）了解悬臂梁式冲击实验和简支梁式冲击实验的基本原理及差别；

（3）掌握简支梁式冲击试验机的基本操作及塑料冲击强度实验的方法。

2.5.2 实验原理

冲击强度是衡量材料韧性的一个非常重要的力学指标,它是指某一试样在每秒数米乃至数万米的高速形变下,在极短的负载时间内表现出的破坏强度,或者说是材料在冲击载荷的作用下折断或折裂时单位截面积所吸收的能量。如何改善高分子材料的韧性一直是高聚物材料机械性能研究的一个重要方面,而评价材料韧性的一个非常重要的指标是冲击强度值,因此冲击强度的测量无论在研究工作或工业应用中都是不可缺少的。

冲击强度的测试方法很多,根据实验温度的不同可分为常温冲击、低温冲击和高温冲击三种;依据试样的受力状态可分为摆锤式弯曲冲击(包括简支梁冲击和悬臂梁冲击)、拉伸冲击、扭转冲击和剪切冲击;依据采用的能量和冲击次数可分为大能量的一次冲击(简称一次冲击或落锤冲击)和小能量的多次冲击(简称多次冲击)。由于各种实验方法中试样受力形式和冲击物的几何形状不一样,不同实验方法对同一种聚合物的冲击强度常给出不同的结果,因而利用不同实验方法所测得的冲击强度的结果彼此不能相互比较。另外,即使用给定的方法测量同一材料的冲击强度,所得结果往往也不是常数,它还和试样的几何形状和尺寸有很大关系。例如一般情况下,薄的试样比厚的试样有较高的冲击强度。

摆锤冲击实验的方法是让重锤摆动冲击标准试样,通过测量摆锤冲断试样消耗的功作为冲击强度的度量。通常定义冲击强度 $\alpha(kJ/m^2)$ 为试样受冲击载荷而折断时单位截面积所吸收的能量,即

$$\alpha = \frac{W}{b \cdot d} \times 10^3 \ (kJ/m^2) \tag{1}$$

式中,W——冲断试样所消耗的功(J);

b——试样宽度(mm);

d——试样厚度(缺口试样为试样缺口剩余厚度)(mm)。

摆锤式冲击实验中,试样的安放方式分简支梁式和悬臂梁式两类,前者试样两端被支撑着,摆锤冲击试样的中部(如图10所示);后者试样的一端被固定,摆锤冲击自由端。两者所采用的试样既可是带缺口的,也可是无缺口的。采用带缺口试样的目的是缺口处试样的截面积大幅度减小,试样一旦受冲击,断裂便一定发生在这一薄弱处,所有冲击能量都能在这一局部区域被吸收,从而提高了实验的准确性。采用无缺口试样的冲击实验,冲击强度的单位为 kJ/m^2;对于悬臂梁式带缺口冲击试样的冲击强度的计算,试样厚度应为缺口处试样的剩余厚度。

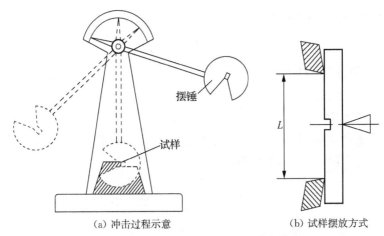

（a）冲击过程示意　　　　　　　（b）试样摆放方式

图 10　简支梁式冲击实验示意图

由于摆锤式冲击实验测定的是试样断裂过程所消耗的总体能量，所以其数据没有明确的物理意义，不能由此得到材料的特征值，也不能求得冲击过程中材料所受到的应力，但由于这种测量方法所用仪器简单且操作方便，因而被广泛应用于生产和研究领域。摆锤式弯曲冲击（简支梁冲击和悬臂梁冲击）试验机的工作原理如图 11 所示。

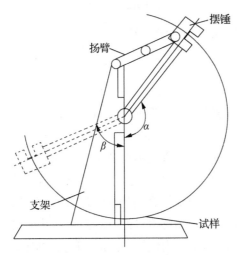

图 11　摆锤式冲击试验机工作原理示意图

实验时，把摆锤抬高（置挂于机架的扬臂上），此时摆锤杆的中心线与通过摆锤杆轴中心的铅垂线成一角度为 α 的扬角，摆锤获得了一定的势能，然后让摆锤自由落下，势能转变为动能，当它摆到最低点的瞬间将试样冲断，摆锤的部分冲击能被消耗并使其大大减速，但剩余能量仍然会使摆锤继续升高至一定高度（β 为其升角）。

冲击实验开始时,摆锤的能量 A_0 为

$$A_0 = mgl(1 - \cos\alpha) \tag{2}$$

式中,m——摆锤的质量(kg);

$\quad g$——重力加速度(9.8 m/s^2);

$\quad l$——摆锤杆的长度(m)。

冲击实验过程中,由于摆锤需要克服空气阻力及试样断裂而飞出时也需消耗功,根据能量守恒定律,冲击后的能量可用下式表示:

$$A_1 = mgl(1 - \cos\beta) + A\alpha + A\beta + \frac{1}{2}m'v^2 \tag{3}$$

式中,α——实验前摆锤的扬角(°);

$\quad \beta$——实验后摆锤的扬角(°);

$\quad v$——试样飞出的速度(m/s);

$\quad m'$——试样的质量(kg)。

但式(3)右边所列的几种能量中,后三项的能量远小于第一项,因而计算冲断试样后摆锤的能量时,往往可只取第一项而忽略后三项,即

$$A_1 = mgl(1 - \cos\beta) \tag{4}$$

综上,摆锤冲断试样前后所消耗的功为

$$W = A_0 - A_1 = mgl(\cos\beta - \cos\alpha) \tag{5}$$

对于指定的冲击强度试验机,上式中 m,l 及 α 均为固定的常数,因此,根据摆锤冲断试样后的升角 β 的数值即可得到冲断该试样所需消耗的功,而 β 的数值可从读数盘中直接读出。

简支梁冲击实验是使用已知能量的摆锤一次性冲击支承成水平梁的试样并使之破坏,冲击线应位于两支座(试样)的正中间(被测试样若为缺口试样,则冲击线应正对缺口)。通常,冲击性能实验对聚合物的缺陷很敏感,而且影响聚合物冲击强度的因素也很多,例如实验温度、环境湿度、冲击速度、试样几何尺寸、缺口半径以及缺口加工方法、试样夹持力等,因此冲击性能测试是一种操作简单而影响因素较复杂的实验,在实验过程中不可忽视上述各有关因素的影响,一般应在实验方法规定的条件下进行冲击性能的测定。

2.5.3 实验原料及仪器、设备

(1) 实验原料:聚乙烯(工业级)。

（2）实验仪器、设备：XJJ-5 型简支梁冲击强度试验机，由承德试验机有限公司生产；游标卡尺；注塑机。

2.5.4　实验步骤

（1）先采用注塑工艺制备聚乙烯冲击试样。试样的相关尺寸可参考表 8 和表 9，其中 A、B 型缺口试样如图 12 所示，C 型缺口试样如图 13 所示。

表 8　无缺口试样的类型、尺寸、支撑线距离

类型	l(mm)		b(mm)		d(mm)		支撑线距离 L(mm)
	尺寸	偏差	尺寸	偏差	尺寸	偏差	
1	80	±2	10	±0.5	4	±0.2	60
2	50	±1	6	±0.2	4	±0.2	40
3	120	±2	15	±0.5	10	±0.5	70
4	125	±2	13	±0.5	13	±0.5	95

表 9　有缺口试样的类型和缺口尺寸

试样类型	缺口类型	d_k	r	n
1～4	A	$0.8d$	0.25±0.05	—
	B		1.0±0.05	
1,3	C	$\dfrac{2}{3}d$	≤0.1	2±0.2
2	C			0.8±0.1

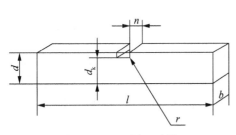

图 12　A、B 型缺口试样

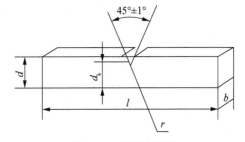

图 13　C 型缺口试样

l—长度；d—厚度；r—缺口底部半径；b—宽度；d_k—试样缺口剩余厚度；n—试样缺口上端宽度

（2）将试样编号，测量试样中部的宽度和厚度（缺口试样则测量缺口处的剩余厚度），精确至 0.05 mm，并分别测量 3 点，取平均值。每组试样不得少于 5 根，且试样表面应平整，无气泡、裂纹、分层和伤痕等缺陷。

（3）根据试样类型，按照标准规定的方法调整好支撑试样的支座间的距离。

（4）估算本次冲击实验所需消耗的能量，并据此大小选择摆锤，确保使试样断裂所需能量在摆锤总能量的 10%～85% 区间内。

（5）检查及调整试验机零点。先让摆锤自由悬挂，此时被动指针应正指读数盘的零点；然后将摆锤扬起并用固定器固定，将读数盘上的指针拨至试验机量程处，扳开固定器让摆锤自由落下，此时指针被带动，冲击结束后指针应指向零点。如有偏离，可松开读数盘后下方的螺母进行调整。

（6）将试样放置在支座上，宽面紧贴支座铅直支撑面，缺口面或未加工面背向摆锤，且试样中心或缺口应与摆锤对准，然后将摆锤抬起并用固定器固定好，再扳开固定器，使摆锤自由落下冲击试样。由于试样吸收能量，此时指针不会归零，记下读数盘上指针所指示的数值，通过计算得到试样冲断时所耗的能量 W。

（7）试样不断裂、断裂在试样两端三分之一处或缺口试样不断裂在缺口处时，则此次实验为非有效冲击实验，应重新补做。

2.5.5　实验数据记录与处理

1）数据记录（见表 10 和表 11）

表 10　无缺口试样尺寸及断裂能

编号	试样宽度(mm)				试样厚度(mm)				断裂能(J)
	1	2	3	平均	1	2	3	平均	
1									
2									
3									
4									
5									

表 11　有缺口试样尺寸及断裂能

编号	试样宽度(mm)				缺口处试样厚度(mm)				断裂能(J)
	1	2	3	平均	1	2	3	平均	
1									
2									
3									
4									
5									

2）数据处理

（1）无缺口试样简支梁的冲击强度的计算公式为

$$\alpha = \frac{W}{b \cdot d} \times 10^3 \, (\text{kJ/m}^2) \tag{6}$$

式中,W——试样吸收的冲击能量(J);

　　b——试样宽度(mm);

　　d——试样厚度(mm)。

(2) 缺口试样简支梁的冲击强度的计算公式为

$$\alpha_k = \frac{W_k}{b \cdot d_k} \times 10^3 (kJ/m^2)\tag{7}$$

式中,W_k——缺口试样吸收的冲击能量(J);

　　b——试样宽度(mm);

　　d_k——缺口试样缺口处剩余厚度(mm)。

2.5.6　实验注意事项

(1) 实验过程中,严禁将头、手及身体其他任何一个部位置于摆锤正前、后方,以防摆锤落下时受到撞击而受伤。

(2) 实验时应合理选择能量范围内的摆锤,确保实验结果的准确性。

(3) 若摆锤刀刃钳口有变形或磨损时,需及时更换刀刃;若摆动轴承摆动不灵活,应及时添加润滑油进行处理。

2.5.7　思考题

(1) 简支梁冲击实验过程和悬臂梁冲击实验过程有何差别? 可否根据两者的实验结果评判不同材料的冲击强度?

(2) 本实验中"空白试验"的目的是什么?

(3) 实验过程中,若摆锤能量范围选择不当,对实验结果可能造成什么影响?

(4) 当实验中最大冲击能量小于或等于 5 J 时,计算试样消耗的冲击能量时还应考虑哪几个方面的影响?

2.6　金属材料布氏硬度的测定实验

2.6.1　实验目的

(1) 了解硬度测定的基本原理及应用范围;

(2) 了解布氏硬度试验机的主要结构及硬度数据的测试方法。

2.6.2　实验原理

材料抵抗更硬物体压入其表面的能力称之为硬度,其不是一个单纯的物理量,而是反映材料弹性、强度与塑性等综合性能的一个重要指标。根据实验方法和适应范围的不同,硬度可分为布氏硬度、维氏硬度、洛氏硬度、邵氏硬度、巴氏硬度等许多种。

硬度测试方法很多种,包括压入法、划痕法、动力法、磨损法、切削法等,其中压入法使用的最为广泛。该法是将一个很硬的压头以一定的压力压入试样的表面,使其产生压痕,然后根据压痕的大小来确定硬度值。压痕越大,表明材料越软;反之,则材料越硬。压入法测试硬度简单、迅速,可在零件上直接进行而不论零件大小、厚薄和形状,且试验时在零件表面留下的痕迹很小,零件不易被破坏。

对于大多数金属材料而言,根据其硬度值可以估算出它的抗拉强度,因此在设计图纸的技术条件中大多规定材料的硬度值,而检验材料或工艺是否合格有时也需用硬度,所以硬度实验在生产中广泛使用。

布氏硬度用符号 HB 表示。它的实验原理是用一定大小的载荷 F(N)把规定直径 D(mm)(一般为 10 mm、5 mm、2.5 mm)的硬质合金球压入被测材料表面(见图 14),保持一定时间后卸除载荷,若被测材料表面留下直径为 d(mm)的压痕(见图 15),先计算出压痕的表面积 S,再根据式(1)得出布氏硬度值:

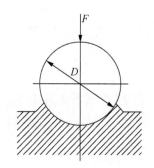
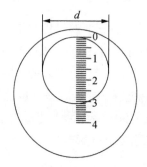

图 14　布氏硬度测量示意图　　　　图 15　用读数显微镜测量压痕直径

$$\text{HBW} = \frac{F}{S} = \frac{2F}{\pi D(D - \sqrt{D^2 - d^2})} \tag{1}$$

式中,HBW——用硬质合金球测试时的布氏硬度值(布氏硬度习惯上不标出单位);

　　　　F——载荷(kgf)(1 kgf=9.8 N);

　　　　D——压头钢球直径(mm);

　　　　d——压痕平均直径(mm);

S——压痕面积(mm^2)。

式(1)中只有 d 是变数,故只需要测出压痕直径 d,根据已知 D 和 F 的值就可以计算出 HB 值。生产中已专门制定了平面布氏硬度值计算表,用读数显微镜测出压痕直径后,直接查表就可获得 HB 硬度值。

由于金属材料有软有硬,工件有厚有薄、有大有小,如果只采用同一种载荷和钢球直径时,就会出现对硬的材料合适,而对软的材料可能发生钢球陷入金属内部的现象;或者对厚的材料合适,而对薄的材料又可能会出现压透的现象。因此,为了得到统一的、可以相互比较的值,必须使 F 和 D 之间维持某一比值关系。这样对同一种材料而言,不论采用何种大小的载荷和钢球直径,只要能满足 $F/D^2 =$ 常数,所得的 HB 值是同样的;对不同的材料来说,所得的 HB 值也是可以进行比较的。按照 GB/T 231.1—2002,不同材料的试验力-压头球直径平方的比率如表 12 所示。

表 12 不同材料的试验力-压头球直径平方的比率

材料	布氏硬度 (HBW)	试验力-压头球直径平方的 比率($0.102F/D^2$)
钢、镍合金、钛合金	—	30
铸铁*	<140	10
	≥140	30
铜及铜合金	<35	5
	35～200	10
	>200	30
轻金属及合金	<35	2.5
	35～80	5
		10
		15
	>80	10
		15
铅、锡	—	1

* 对于铸铁的试验,压头直径一般为 2.5 mm、5 mm 和 10 mm。

由于硬度和强度都以不同形式反映了材料在外力作用下抵抗塑性变形的能力,因而硬度和强度之间有一定的关系(如表 13 所示)。

表 13　部分金属硬度与强度换算关系

材料	布氏硬度值	近似计算关系
钢	$125\sim175$	$\sigma_b\approx0.343\ HB\times10\ MN/m^2$
	>175	$\sigma_b\approx0.363\ HB\times10\ MN/m^2$
调质合金钢	—	$\sigma_b\approx0.325\ HB\times10\ MN/m^2$
铸铝合金	—	$\sigma_b\approx0.26\ HB\times10\ MN/m^2$
退火黄铜、青铜	—	$\sigma_b\approx0.55\ HB\times10\ MN/m^2$
冷加工后的黄铜、青铜	—	$\sigma_b\approx0.40\ HB\times10\ MN/m^2$
锌合金	—	$\sigma_b\approx0.09\ HB\times10\ MN/m^2$

布氏硬度实验是一种能够针对金属材料提供有用信息的压痕硬度实验,除了上述所列与金属的强度有关外,还和金属材料的耐磨性、韧性或其他物理特性相关联,可用于材料的质量控制和选择。

2.6.3　实验设备

本实验所用设备为 HB-3000 型布氏硬度试验机,其外形结构如图 16 所示。

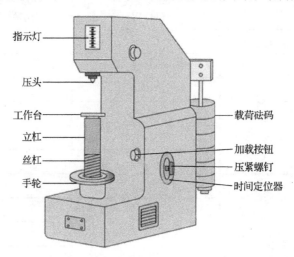

图 16　HB-3000 型布氏硬度试验机外形结构图

2.6.4　实验步骤

(1) 先按照相关要求选用适当的压头、载荷及保荷时间。用酒精清洗压头上粘附的防锈油,然后用棉花或其他软布擦拭干净,将压头装入主轴孔内,旋转压紧螺钉使其轻压于压头尾柄之扁平处,再把时间定位器(红色指示点)转到与保荷时间相符的位置上。

（2）将试样平稳、密合地安放在工作台上，再顺时针转动手轮使工作台上升，试样与压头接触，直至手轮与螺母产生相对滑动（打滑）。

（3）打开试验机电源开关，绿灯亮。

（4）按动加载按钮起动电动机，载荷砝码经一系列的杠杆系统传递到压头，即开始加载荷。此时因压紧螺钉已拧松，圆盘并不转动，当红色指示灯亮时迅速拧紧压紧螺钉。当达到所要求的保荷时间后，试验机自动卸荷（从起动按钮到红灯亮为加荷阶段，红灯亮到红灯灭为保荷阶段，红灯灭到电动机停止转动为卸荷阶段）。

（5）逆时针转动手轮降下工作台，取下试样，用读数显微镜测量试样表面压痕直径 d 值，再以此值按公式或查表即得 HB 值。如此反复测 5 次，取 HB 值的平均值。

2.6.5 实验数据记录

本实验相关数据如表 14 所示。

表 14　布氏硬度的测定值

样品编号	厚度 (mm)	钢球直径 D(mm)	载荷大小 F(kgf)	压痕直径 d(mm)	布氏硬度值（HB）					
					1	2	3	4	5	平均
1										
2										
3										
⋮										

2.6.6 实验注意事项

（1）试样测试表面必须光洁平整，无外来污物，热处理后的试样测试表面还须经打磨去除脱碳层；试样测试表面粗糙度一般要在 $1.6~\mu\mathrm{m}$ 以下，以便精确测量压痕直径。

（2）试样的实验面与支承面应保持平行，操作时动作要稳、缓、轻。

（3）试样的厚度至少为压痕深度的 10 倍，实验后样品背面应无变形痕迹，压痕距试样边缘应大于 D，两压痕间距也应大于 D。

（4）试验力的选择应确保压痕直径在 $0.24D \sim 0.6D$ 之间，且当试样尺寸允许时，尽可能选用 10 mm 的压头。

（5）用读数显微镜测量压痕直径 d 时，应在互相垂直的两个方向上进行测量，再取其平均值。

2.6.7 思考题

（1）本实验对试样厚度有无要求？试样过薄会对测试结果带来怎样的影响？

（2）布氏硬度测定结果对工业选材有何指导意义？

（3）为了便于根据布氏硬度值比较不同材料的性能，实验时应注意哪些事项？

2.7 热塑性塑料洛氏硬度的测定实验

2.7.1 实验目的

（1）了解硬度计测定的基本原理及应用范围；

（2）了解洛氏硬度试验机的主要结构及硬度数据的测试方法；

（3）熟练掌握洛氏硬度计的使用方法。

2.7.2 实验原理

洛氏硬度实验方法是用一个顶角为 120°的金刚石圆锥体或直径为 1.587 5 mm（3.175 mm、6.35 mm、12.7 mm）的钢球作压头，在 10 kgf 初载荷以及 60 kgf（100 kgf 或 150 kgf）总载荷（即初载荷＋主载荷）先后作用下压入试样，并在总载荷作用后卸除主载荷，以主载荷的压入深度与初载荷作用下压入深度之差来表示硬度。如图 17 所示，深度差 $h=h_3-h_1$，即被用来表示试样硬度高低。若深度差愈大，则硬度愈低。

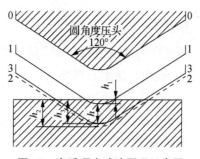

图 17 洛氏硬度试验原理示意图

根据所用压头种类和所加载荷不同，洛氏硬度分为 HRA、HRB、HRC 等，可根据实验材料硬度的不同，选用不同硬度范围的标尺来表示。

① HRA 是采用 60 kgf 载荷和钻石锥压入器求得的硬度,用于硬度较高的材料;

② HRB 是采用 100 kgf 载荷和直径 1.587 5 mm 淬硬的钢球求得的硬度,用于硬度较低的材料;

③ HRC 是采用 150 kgf 载荷和钻石锥压入器求得的硬度,用于硬度较高的材料。

表 15 列出了以上三种洛氏硬度实验规范。

表 15　常用的三种洛氏硬度实验规范

符号	压头类型	载荷 (kgf)	硬度值 有效范围	使用范围
HRA	120°金刚石圆锥体	60	70～85 HRA	适用于测量硬质合金、表面淬火层或渗碳层
HRB	直径为 1.588mm 钢球	100	25～100 HRB	适用于测量有色金属、退火钢、正火钢等
HRC	120°金刚石圆锥体	150	20～67 HRC	适用于测量调质钢、淬火钢等

如果直接将压痕深度的大小作为计量硬度值的指标,势必造成越硬的材料洛氏硬度值越小,而越软的材料的洛氏硬度值越大。因此,为了符合数值愈大则硬度愈高这一认知习惯,被测试样的硬度值尚须用以下的公式加以变换:

$$HR = K - (h_3 - h_1)/C$$

式中,HR——洛氏硬度值,为无量纲数;

　　K——常数,当采用金刚石压锥时 $K=100$,当采用钢球压头时 $K=130$;

　　C——恒等于 0.002 mm,表示指示器刻度盘上一个分度格,相当于压头入试样的深度。

为了能用同一硬度计测定从软到硬各种材料的硬度,可以采用不同的压头和载荷,从而组成 15 种不同的洛氏标尺。

洛氏硬度的数值可直接从硬度计上读出,不需要换算和查表,非常方便。读出来的数值没有单位,习惯上称为"度"。洛氏硬度的不同硬度标尺之间、洛氏硬度与布氏硬度之间以及与其他硬度之间没有理论上的相应关系,不能直接比较,若要比较时需要查硬度值对照表。

洛氏硬度测试方法简单迅速,并可测量最软至最硬的各种材料。由于压痕小,该法还可测量成品的硬度。但也因为压痕小,对组织和硬度不均匀的材料测试结果不准确。通常应在试件的三处不同位置进行测试,再取其平均值。

2.7.3 实验设备

本实验选用 HR-150 型洛氏硬度试验机,其结构如图 18 所示。

图 18　HR-150 型洛氏硬度试验机结构图

2.7.4 实验步骤

(1) 根据试样的硬度值范围,按表 15 选择适当的压头和载荷。

(2) 将符合要求的试样放置在工作台上,顺时针转动手轮,使试样与压头缓慢接触,直至小指针指向小红点位止(此时即已加载荷 10 kgf),然后调整指示器大指针对正零点。

(3) 轻轻向前推动手柄施加主载荷,大指针按逆时针方向转动;待转动停止后再将手柄扳回卸去主载荷,大指针又顺时针方向转动。当大指针自动停止转动后,其所指表盘上的数据即为该材料的洛氏硬度值。

(4) 逆时针转动手轮,降下工作台,取出试样。

2.7.5 实验数据记录

本实验相关数据如表 16 所示。

表 16　洛氏硬度测试值

编号	材料			压头和载荷	洛氏硬度值
	名称	厚度(mm)	状态		
1					
2					
3					
⋮					

2.7.6　实验注意事项

(1) 试样两端要平行,不得带有油污、氧化皮和显著加工痕迹等。

(2) 压痕中心距边缘以及两压痕间距为 HRA、HRC 测定时不小于 2.5 mm,HRB 测定时不小于 4 mm;试样厚度不应小于压入深度的 10 倍。

(3) 实验时,每个试样至少测定 3 个点的硬度并取其算术平均值。

2.7.7　思考题

(1) 可否用同一个硬度计测定不同软硬材料的硬度?

(2) HRA、HRB 和 HRC 分别适用于什么材料?

2.8　树脂浇注体巴氏硬度的测定实验

2.8.1　实验目的

(1) 了解巴氏硬度计的结构、测试原理和测试方法;

(2) 通过巴氏硬度的测定了解树脂浇注体固化过程中固化程度的变化;

(3) 了解树脂浇注体固化程度与其巴氏硬度之间的关系。

2.8.2　实验原理

1) 树脂浇注体

不饱和聚酯树脂是由不饱和二元酸(或不饱和二元酸的混合物)与二元醇、饱和二元酸进行缩聚反应而得的线形聚合物,其化学结构为

$$\left[O-R-O-\overset{O}{\overset{\|}{C}}-R'-\overset{O}{\overset{\|}{C}}-O-R-O-\overset{O}{\overset{\|}{C}}-CH=CH-\overset{O}{\overset{\|}{C}} \right]_x$$

式中,R 和 R′分别表示二元醇及饱和二元酸中的二价烷基或芳基;$x(y)$是不饱和聚酯分子中所示的重复数目,且聚酯分子的端基是—OH 或—COOH。当所使用的不饱和二元酸和饱和二元酸的物质的量相同时,上述结构式可改写为

$$\begin{array}{cccc} & O & O & O & O \\ \Vert & \Vert & \Vert & \Vert \\ \left[O{-}R{-}O{-}C{-}R'{-}C\right]_x O{-}R{-}O\left[C{-}CH{=}CH{-}C\right]_y \end{array}$$

或

$$\begin{array}{cccc} & O & O & O & O \\ \Vert & \Vert & \Vert & \Vert \\ \left[R{-}O{-}C{-}R'{-}C{-}O\right]_x \left[R{-}O{-}C{-}CH{=}CH{-}C{-}O\right]_y \end{array}$$

通常我们所称的不饱和聚酯树脂为粘稠状液体或固体的低分子物,其相对分子质量在 2 000~3 000 之间,缩聚度相当于 15~25。

聚酯树脂在合成到指定酸值时需要加入一些单体,主要有苯乙烯、甲基丙烯酸甲酯、邻苯二甲酸二丙烯酯、三聚氰酸三丙烯酯等,并不断搅拌降温,直到形成均匀的不饱和聚酯树脂单体溶液(胶液)。

加入树脂中的上述单体物质中都含有活泼的不饱和双键,在一定条件下能与不饱和聚酯中的双键起加成聚合作用,从而使线形聚酯交联成网状结构而固化,所以单体又可成为不饱和聚酯树脂的交联剂,它的结构、性质及用量也影响交联聚酯树脂的物理和化学性质。

不饱和聚酯树脂与单体形成胶液后,在引发剂或(和)热的作用下发生共聚合反应,聚酯分子中的不饱和双键与单体中的不饱和双键起加成作用,形成结构为网状形的均匀聚合物。如果交联固化前树脂胶液浸了玻璃纤维和织物,则可制造纤维增强热固性塑料。

2) 巴氏硬度计

材料硬度是表示抵抗其他较硬物体压入的性能,是材料软硬程度的有条件性的定量反映。通过硬度的测量还可间接了解材料的其他力学性能,例如磨耗、拉伸强度等。

塑料或树脂基复合材料的硬度实验方法有些是根据金属的硬度实验方法发展而来的,如布氏硬度;有些是其独有的测试方法,如巴氏硬度、邵氏硬度等。

巴氏硬度,全名叫作 Barcol(巴柯尔)硬度。它是一种压痕硬度,最早由美国的 Barber-Colman 公司提出,是近代国际上广泛采用的一种硬度分类。巴氏硬度计是以特定的压头(26°或 40°角的载头圆锥体,顶端平面直径为 0.157 mm)在标准载荷弹簧(分轻、重两种标准载荷)的压力下压入试件,根据压入的深浅来表征试件的

硬度的(规定 0.007 6 mm 为 1 度,共 100 分度),读数越高,表示材料越硬。巴氏硬度计适用于测量玻璃钢制品、增强或非增强硬塑料,以及铝及铝合金、黄铜、紫铜等较软金属的硬度,特别适用于树脂浇注体及玻璃钢制品,已被大多数国家或国际组织认可,我国及美国、日本等国家还相继制定出用巴氏硬度计测量树脂浇注体及玻璃钢(GRP)硬度试验方法的国家标准。巴氏硬度计也是各生产单位、计量部门在对材料硬度进行测试时首选的专用检测仪器。

图 19 巴氏硬度计

巴氏硬度计是一种手持式仪器(见图 19),将其握在掌心,压向试样,即可测出试样硬度。巴氏硬度计可以测量各种超大、超重、异型的工件及装配件,并可在上述产品的生产过程中对其半成品进行现场质量监控,例如对于树脂浇注体和纤维增强塑料等热固性材料,可通过其硬度的测定来估计树脂基体的固化程度(固化程度越高,硬度随之增高,树脂完全固化时的硬度最高)。

常用的巴氏硬度计分三种,其中,GYZJ 934-1 和 HBA-1 型主要用于测量软金属及较硬塑料和复合材料,GYZJ 935 型主要用于测量较软的金属和较软的塑料,GYZJ 936 型主要用于测量非常软的软塑料和其他材料。

巴氏硬度计具有如下优点:

(1) 体积小,重量轻,便于携带。

(2) 操作简单、便利。使用巴氏硬度计时只需单手操作,且无须任何使用经验,几乎即学即会;几乎在任何场合都可进行测试,且操作起来也十分方便,几秒钟内即可完成一个试验点的硬度检测。

(3) 灵敏度高。韦氏硬度计只有 20 个刻度,而巴氏硬度计有 100 个刻度,因而巴氏硬度计具有更高的灵敏度。

(4) 不需要支撑。对于一些超大、超厚工件及装配件,使用巴氏硬度计时只需在试样一侧测试,不需要任何支撑。

(5) 可通过巴氏硬度值估计树脂浇注体或复合材料中树脂基体的固化程度。

巴氏硬度计虽然具有很多优点,但用它来测试材料硬度时还是存在一些不足之处:

(1) 巴氏硬度计有一对支脚,测量时支脚要放在被测面上,以保证压头垂直于测量面,从而保证测量精度。因此试样表面必须平坦且较宽,标准试样厚度应不小于 1.5 mm,试样大小应满足任一压痕到试样边缘以及两个压痕之间的距离不小于

3 mm。对于一些窄条试样、小尺寸试样和曲面试样,不便于使用巴氏硬度计测试其硬度。

(2) 巴氏硬度虽可反映产品的固化程度,但并无直接的转化公式,因而其结果只能反映一个相对情况,并不代表真正的固化度,仅具有参考价值。真正的固化度仍需通过其他实验来完成。

(3) 巴氏硬度块存在缺陷。巴氏硬度块的厚度只有 0.8 mm,测试后硬度块背面会产生可见的变形痕迹,这说明硬度块的厚度不足,由此违背了压痕式硬度计关于试样厚度的基本原则,因而会导致较大的测试误差。

(4) 在使用巴氏硬度计过程中,操作者的手握方式、用力大小对实验结果将存在一定的影响。同时,测试环境及试样材料组成对实验结果也会产生影响。

① 测试环境的影响:主要包括温度、湿度的影响,尤其以温度的影响最为明显。温度升高,可促使未完全固化的试样进一步固化,测试的结果会随之增高;但对于已完全固化的试样,升高测试温度,往往会使其测试结果下降。因此,在进行对比实验时必须明确实时的温度情况。

② 试样材料组成的影响:对于玻璃钢等复合材料,其存在增强相和基体相,但两相的硬度存在明显的差别。一般情况下,颗粒、纤维等填料硬度较高,而树脂基体硬度较低,故测试材料时数据的分散性可能较大。为了得到较为准确的数据,对于玻璃钢制品,应适当增加测试次数,以便实验结果能如实反映实际情况。

2.8.3　实验原料及仪器、设备

(1) 实验原料:不饱和聚酯树脂,50 g;树脂固化剂,少许。

(2) 实验仪器、设备:GYZJ 934-1 型巴氏硬度计,1 只;烘箱,1 台;玻璃棒,1 根;一次性纸杯,1 只。

2.8.4　实验步骤

1) 树脂浇注体的制备

(1) 利用电子天平称取 50 g 不饱和聚酯树脂,置于一次性纸杯中。

(2) 称取适量的固化剂加入上述树脂中,搅拌均匀。由于固化剂的使用量及实时的环境温度均直接影响树脂的固化时间,故固化剂的使用量应根据实验当日的实际温度情况来确定。

(3) 将上述纸杯置于室温下,观察树脂的固化情况。当树脂由液态凝固并定型后,将其从纸杯中取出,就得到树脂浇注体。

2）巴氏硬度的测定

（1）将上述浇注体置于测定架的试样平台上,使压针离试样边缘至少 12 mm,然后平稳且无冲击地使硬度计在规定重锤的作用下压在试样上,并在下压板与试样完全接触 15 s 后开始读数（如果规定要瞬时读数,则在下压板与试样完全接触后 1 s 内读数）。在试样上相隔 6 mm 以上的不同点测量硬度不少于 10 次,取平均值（若所得数值低于 50,则测试 20 次,取平均值）。

（2）测试完毕后,将上述浇注体放入 100 ℃的烘箱中（加速其固化）,并每隔 20 min 取出,采用上述同样的方法测试其硬度,直到 2 h 后结束试验。

2.8.5　实验数据记录

本实验相关数据记录如表 17 所示。

表 17　巴氏硬度值

试样编号	巴氏硬度测量值	巴氏硬度平均值
1		
2		
3		
⋮		

2.8.6　实验注意事项

（1）测试之前,应用硬度计配套的铝片进行硬度值校核;

（2）测试过程中,确保硬度计的支脚与压头在一个平面上。

2.8.7　思考题

（1）环境温度对试样巴氏硬度的测试结果有何影响?

（2）巴氏硬度的测定有何实际应用价值?

（3）巴氏硬度的测定适用于哪些材料?

2.9　橡胶邵氏硬度的测定实验

2.9.1　实验目的

（1）了解邵氏硬度与巴氏硬度、布氏硬度等的差别;

（2）掌握橡胶邵氏硬度的测试方法。

2.9.2 实验原理

邵氏橡胶硬度计是测定硫化橡胶和塑料制品硬度的仪器,其结构上主要由读数度盘、压针、下压板及对压针施加压力的弹簧组成,具有结构简单、使用方便、型小体轻、读数直观等特点。它是将具有一定形状的钢制压针在试验力作用下垂直压入试样表面,当压足表面与试样表面完全贴合时,压针尖端面相对压足平面有一定的伸出长度 L,以 L 值的大小来表征邵氏硬度的大小。L 值越大,表示邵氏硬度越低,反之越高。

邵氏橡胶硬度计的压针尺寸及精度应符合图 20 的要求,其结构与使用说明如下所述:

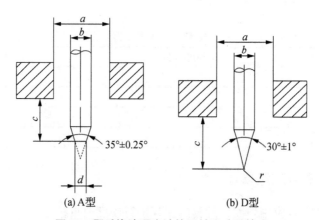

(a) A型   (b) D型

图 20　邵氏橡胶硬度计的压针尺寸及精度

$a=3.00\pm0.50;b=1.25\pm0.15;c=2.50\pm0.04;d=0.79\pm0.03;r=0.100\pm0.012$

（1）读数度盘:为 100 分度,每一个分度表示一个邵氏硬度值。当压针端部与下压板处于同一水平面时,即压针无伸出,硬度计度盘应指示"100";当压针端部距离下压板(2.50±0.04)mm 时,即压针完全伸出,硬度计度盘应指示"0"。

（2）弹簧力:压力弹簧对压针所施加的力与压针伸出压板位移量有恒定的线性关系,其大小与硬度计指针所指刻度的关系如下式所示。

① A 型硬度计:

$$F_A=56+7.66H_A(g)$$

或

$$F_A=549+75.07H_A(mN)$$

② D 型硬度计：

$$F_D = 45.36 H_D(g)$$

或

$$F_D = 444.53 H_D(mN)$$

式中，F_A、F_D 分别为弹簧施加于 A 型和 D 型硬度计压针上的力（g 或 mN）；H_A 和 H_D 分别为 A 型硬度计和 D 型硬度计的读数。

（3）下压板：为硬度计与试样接触的平面，它应有直径不小于 12 mm 的表面，在进行硬度测量时，该平面对试样施加规定的压力，并与试样均匀接触。

（4）测定架：应备有固定硬度计的支架、表面平整光滑的试样平台和加载重锤。实验时硬度计垂直安装在支架上，沿压针轴线方向加上规定重量的重锤，并使硬度计下压板对试样有规定的压力（对于邵氏 A 为 1 kgf，邵氏 D 为 5 kgf）。

（5）硬度计的测定范围为 20～90。当试样用 A 型硬度计测量时，若硬度值大于 90，改用 D 型硬度计测量；用 D 型硬度计测量时，若硬度值低于 20，改用 A 型硬度计测量。

（6）硬度计的校准：在使用过程中压针的形状和弹簧的性能会发生变化，因此对硬度计的弹簧压力、压针伸出最大值及压针形状和尺寸应定期检查校准。

2.9.3　实验试样及仪器

（1）实验试样：橡胶圈；
（2）实验仪器：邵氏橡胶硬度计。

2.9.4　实验步骤

（1）硬度计调零：测定前应检查硬度计的指针在自由状态下是否指向零位。如指针量偏离零位时，可以松开硬度计右上角的锁紧螺母和锁紧压块，旋转示值表盘，使硬度计指针和表盘"0"示值线重合，然后拧紧锁紧螺母和锁紧压块；再使压足平面与玻璃板平面完全接触，检测指针是否指向"0"示值线，如果是，即可使用。

（2）将被测试样平放在坚固的平台上，然后手握硬度计，并将拇指按在加荷柄上，平稳地把压足压在试样上（不能有任何振动），并保持压足平行于试样表面，以使压针垂直地压入试样。所施加的力要刚好满足使压足和试样完全接触，此时表针所指的刻度即是试件的硬度值。

（3）在试样上相距至少 6 mm 的各个不同位置（5 处）测量硬度值，然后取其平均值。

2.9.5 实验数据记录

本实验相关数据记录如表 18 所示。

表 18　邵氏硬度值

试样编号	邵氏硬度测量值	邵氏硬度平均值
1		
2		
3		
⋮		

2.9.6 实验注意事项

（1）测试过程中，硬度计压足中孔的压针距离试样边缘至少 12 mm；

（2）硬度计使用完毕后应及时装入仪器盒或仪器箱内，并放置在干燥处，以防受潮；

（3）试样表面应光滑、平整，不应有机械损伤及杂质等缺陷；

（4）读数必须在压足和试样完全接触后 1 s 内完成，否则应予以说明。

2.9.7 思考题

（1）A 型邵氏橡胶硬度计和 D 型邵氏橡胶硬度计在结构及适用范围上有何区别？

（2）邵氏橡胶硬度计的工作原理是什么？

（3）使用橡胶硬度计时应注意哪些事项？

2.10　热塑性塑料熔体流动速率的测定实验

2.10.1 实验目的

（1）掌握聚乙烯、聚苯乙烯等热塑性塑料熔体流动速率的测定方法，以及掌握 ZRZ 1452 型熔融指数仪的使用方法；

（2）了解热塑性塑料在熔融状态下的黏流特性及其重要性；

（3）了解热塑性塑料熔体流动速率与相对分子质量及加工性能之间的关系。

2.10.2　实验原理

在塑料成型加工过程中,熔体的流动性直接影响其加工性能。衡量热塑性塑料流动性难易程度的指标中最常见的是熔体流动速率。

热塑性塑料的熔体流动速率(熔融指数)是指塑料在一定温度和负荷下,熔体每 10 min 通过标准口模毛细管的质量或熔融体积,用 MFR(MI)或 MVR 表示。它可区别热塑性塑料在熔融状态下的黏流特性。

热塑性塑料的 MFR,随其相对分子质量和分子结构的不同而异。对一定结构的聚合物,在相同的条件下,MFR 大表明聚合物的相对分子质量小,其加工流动性能较好,加工时可选择略高点的温度及略低点的压力;相反,MFR 小表明聚合物的相对分子质量大,加工流动性能相对较差,加工时必须适当提高加工温度并施加较大的压力,以改善聚合物的流动性。

测定不同结构的树脂熔体流动速率所选择的测试温度、负荷压强、试样的用量以及实验时取样的时间等都有所不同,因此对于不同的聚合物,不能简单地根据MFR 来比较它们的流动性。

热塑性塑料熔体流动的好坏与其加工性能关系密切,是成型加工时必须考虑的一个很重要的因素。不同用途、不同加工方法对塑料 MFR 值要求彼此不同,该值的测定对选择螺杆转速、加工温度、加工时间等工艺参数具有实际的指导意义。

2.10.3　实验原料及仪器

(1)实验原料:聚乙烯、聚苯乙烯等热塑性塑料,可以是粉料、粒料、薄片等。

(2)实验仪器:ZRZ1452 型熔融指数仪(见图 21),其主要由料筒、料杆、口模、控温系统、负荷、自动测试机构及自动切割装置等部分组成,内部结构如图 22 所示。

图 21　ZRZ1452 型熔融指数仪的外观图

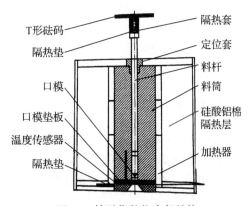

图 22　熔融指数仪内部结构

① 料筒：采用氮化钢材料，并经过氮化处理制作，维氏硬度（HV）≥700。

② 料杆（活塞杆）：采用氮化钢材料，并经氮化处理制作，维氏硬度（HV）≥600。料杆头部比料筒内径均匀小（0.075±0.015）mm，顶部装有一隔热套，使料杆与负荷隔热。在料杆上有两道相距 30 mm 的刻线为参考标记，当料杆头下边缘与口模顶部相距 20 mm 时，上标记线正好与料筒口持平。

③ 口模：直径为（2.095±0.005）mm，维氏硬度（HV）≥700。

④ 控温系统：采用铂电阻作温度传感器，温控表采用 PID 调节，能自动补偿电源电压波动及环境温度对温度控制的影响。

⑤ 负荷：砝码与料杆组件的质量之和。砝码的质量和试验负荷的配用关系如表 19 所示。

表 19　砝码的质量和试验负荷的配用关系

负荷(g)	砝码组合(g)
325*	T 形砝码＋料杆组件
1 200	325＋875
2 160	325＋875＋960
3 800	325＋875＋960＋1 640
5 000	325＋875＋960＋1 640＋1 200
10 000**	325＋875＋960＋1 640＋1 200＋2 500＋2 500
12 500**	325＋875＋960＋1 640＋1 200＋2 500＋2 500＋2 500
21 600**	325＋875＋960＋1 640＋1 200＋2 500＋2 500＋2 500＋2 500＋2 500＋2 500＋1 600

* 料杆组件的质量中，不包括定位套的质量；
** 该负荷需另外配砝码。

⑥ 自动测试机构：自动测试机构采用 ZRZ400 微电脑控制器，可自动计时，控制实验过程。

⑦ 自动切割装置：由驱动电路、电动机、刀片组成，安装在料筒底部，体积小巧，动作灵活。

2.10.4　实验步骤

（1）调整、清理仪器，保证仪器水平以及炉膛、压料杆、口模清洁。

（2）根据试样的特性，先预计该塑料熔体流动速率，再按表 20 称取试样。试样形状可以是粒状、片状、薄膜、碎片等，也可以是粉状。

表 20 试样加入量与切样时间间隔

熔体流动速率 [g/(10 min)]	试样加入量(g)		切割时间间隔(s)	
	ISO 标准	GB 标准	ISO 标准	GB 标准
0.1～0.5	4～5	3～4	240	120～240
0.5～1	4～5	3～4	120	60～120
1～3.5	4～5	4～5	60	30～60
3.5～10	6～8	6～8	30	10～30
>10	6～8	6～8	5～15	5～10

（3）选择实验条件：根据表 25 和表 26 选择好实验条件。

（4）将口模、杆料放入炉膛，根据实验要求设置加热料膛温度等参数，具体设置方法见表 27 和表 28。

（5）进行试验

① 质量法

温度稳定后，迅速用漏斗将备好的物料装入料筒，随即再装上压料杆并压实，然后按"START"键开始试验（具体过程如表 21 所示）。

表 21 试验程序

上排数码管显示			下排数码管显示	操作
1	1	1	时钟	预热 4 min(结束前 10 s 报警)，时间到后自动进入压料过程(当试验温度稳定后，也可直接按"ESC"键进入压料过程)
1	1	2	时钟	压料 1 mm(结束前 10 s 报警)，时间到后自动进入切料过程(如果试样流出的量可以保证取到有效的起始点，也可直接按"ESC"键进入切料过程)
1	1	3	时钟	切料 10 次，结束后返回初始状态(如果第一根有效样条长度不合适，可按"SET"键重新设置切料间隔时间，然后按"ENTER"键返回，系统则重新开始本过程)

② 体积法

参数设置完毕后加料，并用压料杆将料压实，再插入料杆（第一刻线要高于定位套上边缘）。将测试杠杆翘起，按"START"键，然后在砝码托盘上加所需负荷，料杆下移（如 MFR 较大，下移过快，负荷可在料杆自由下移至第一刻线时加上；如 MFR 过小，下移过慢，负荷加上后还可借助人工压力，使料杆快速下移，并注意加压时不要使料杆弯曲）。当料杆达到预定位置时，控制器开始重新计时，并切料一次;当料杆达到预定行程时,计时停止,再一次切料,并自动显示 MVR 值。按一下"PRINT"键,可由打印机自动将一系列参数及测试结果打印(如不需打印,则按其他任意键返回初始状态)。

体积法试验完成后,可根据实际需要切换到质量法继续试验。即体积法试验完成后控制器返回初始状态,按下"SET"键并选择"1",再按"ENTER"键进入切料间隔时间设置,可通过 4 个方向键改变数值,按"ENTER"键完成设置,然后按下"START"键开始试验(预热 4 min 和压料 1 min 两个过程可按"ESC"键跳过)。

(6) 实验完毕后,需趁热对设备部件进行彻底清洗。先在砝码上方加压,将余料快速挤出后抽出料杆,用清洁纱布趁热将料杆擦洗干净;然后拉动炉膛下面的拨轴使口模自上而下漏出料筒(如口模不能自动漏出,可用压料杆伸进料筒轻压,口模即可漏出),用口模清洗杆及纱布清洗口模内外;最后在料筒上部加料口铺上两层干净的 50 mm×50 mm 纱布,将清洗杆压住纱布插入料筒内反复旋转抽拉多次,对料筒进行清洗。

对于不易清洗干净的物料,可趁热在需要清洗的地方(例如料筒内壁、口模、料杆)涂一些润滑物,如硅油、十氢萘、石蜡等,必要时也可以使用矿烛。

(7) 清理结束后切断加热电源。

(8) 称重、计算。

2.10.5 实验数据记录及处理

1) 数据记录

(1) 仪器名称:_____;型号:_____;生产厂家:_____。

(2) 样品名称:_____;牌号:_____;生产厂家:_____。

(3) 样品干燥温度:_____;样品干燥时间:_____;样品质量:_____。

(4) 取样时间间隔:_____。

(5) 数据记录表(见表 22)

表 22　数据记录表

项目	第一次					第二次				
	1	2	3	4	5	1	2	3	4	5
时间(s)										
质量(g)										

2) 数据处理

(1) 熔融体积流动速率

按公式(1)进行计算：

$$\text{MVR}(T, m_{\text{nom}}) = \frac{A \times t_{\text{ref}} \times L}{t} = \frac{427 \times L}{t} \tag{1}$$

式中，T——试验温度(℃)；

　　　m_{nom}——标称负荷(kg)；

　　　A——活塞和料筒的截面积平均值(等于 0.711 cm²)；

　　　t_{ref}——参比时间(10 min 或 600 s)；

　　　t——预定测量时间或各个测量时间的平均值(s)；

　　　L——活塞移动预定测量距离或各个测量距离的平均值(cm)。

(2) 熔融质量流动速率

按公式(2)进行计算：

$$\text{MFR}(T, m_{\text{nom}}) = \frac{A \times t_{\text{ref}} \times L \times \rho}{t} = \frac{427 \times L \times \rho}{t} \tag{2}$$

式中，T——试验温度(℃)；

　　　m_{nom}——标称负荷(kg)；

　　　A——活塞和料筒的截面积平均值(等于 0.711 cm²)；

　　　t_{ref}——参比时间(10 min 或 600 s)；

　　　t——预定测量时间或各个测量时间的平均值(s)；

　　　L——活塞移动预定测量距离或各个测量距离的平均值(cm)；

　　　ρ——熔体在测量温度下的密度(g/cm³)，且 $\rho = m/(0.711 \times L)$，其中 m 为称量测得的活塞移动 L cm 时挤出的试样质量。

由于样品质量 $W = A \times L \times \rho$，所以公式(2)也可以转化为

$$\text{MFR}(T, m_{\text{nom}}) = \frac{A \times t_{\text{ref}} \times L \times \rho}{t} = \frac{600 \times W}{t} \tag{3}$$

式中，T——试验温度(℃)；

　　　m_{nom}——标称负荷(kg)；

　　　W——样条段的质量(算术平均值)(g)；

　　　t——预定测量时间或各个测量时间的平均值(s)。

(3) 数据处理表

将每次测试所取得的 5 个没有气泡、离散度小的切割样条分别在精密电子天平上称重(精确到 0.000 1 g)，取算术平均值，再按式(2)或(3)计算熔体流动速率，并将结果记录在表23中。

表 23 数据处理表

项目	第一次					第二次				
	1	2	3	4	5	1	2	3	4	5
时间(s)										
质量(g)										
MFR[g/(10 min)]										
MFR 平均值[g/(10 min)]										

2.10.6 实验注意事项

（1）切勿用料杆压紧物料，以免损坏料杆与料筒。

（2）加料前取出料杆并置于耐高温物体上，避免料杆头部碰撞；把加料用漏斗插入料筒内（尽量不与料筒相碰，以免发烫），边加料边振动漏斗可使料快速漏下；加料完毕，用压料杆压实（以减少气泡）后再插入料杆，并套上砝码托盘，且插入料杆时，料杆上的定位套要放好，其外缘嵌入料筒。上述操作应在 1 min 内一次性完成。

（3）实验过程中，如遇到拨轴抽拉不动，导致口模不能自上而下漏出料筒的情况出现时，很有可能是实验后清理工作不彻底，有残留塑料粘附在料筒上。这时不要再用力抽拉，可先加热料筒，待残留塑料熔化后再将料筒清理干净，拨轴即能抽拉自如。

（4）取样时，当材料的密度大于 1.0 g/cm³ 时，需要增加样品的用量；根据标准或约定，当 MFR＞25 g/(10 min)时，可采用较小内径的标准口模；若按 JIS 标准或 ASTM 方法取样，则参考表 24。

表 24 ASTM 标准和 JIS 标准条件下试样加入量与切样时间间隔

ASTM 标准			JIS 标准		
熔体流动速率[g/(10 min)]	试样加入量(g)	切割时间间隔(s)	熔体流动速率[g/(10 min)]	试样加入量(g)	切割时间间隔(s)
0.15～1.0	2.5～3	360	0.1～0.5	3～5	240
1.0～3.5	3～5	180	0.5～1.0	3～5	120
3.5～10	5～8	60	1.0～3.5	3～5	60
10～25	4～8	30	3.5～10	5～8	30
＞25	4～8	15	10～25	5～8	5～15

（5）每个样品一次可以切割 10 个样条，应选取 5 个无气泡、离散度小的样条进行数据处理，计算熔体流动速率（MFR）。

（6）此设备为高温实验设备，做实验时请戴好手套，以防烫伤。

2.10.7　思考题

(1) 测量高聚物熔体流动速率有何实际意义？

(2) 影响熔体流动速率的因素有哪些？它们是如何影响的？

(3) 聚合物的熔体流动速率与其相对分子质量及加工性能之间有什么关系？

(4) 熔体流动速率值在结构不同的聚合物之间能否进行比较？

2.10.8　附注

1) 标准试验条件(参照国标与 ISO 标准)(见表 25)

表 25　标准试验条件

序号	标准口模内径(mm)	试验温度(℃)	负荷(kg)	序号	标准口模内径(mm)	试验温度(℃)	负荷(kg)
1*	2.095	150	2.160	11	2.095	230	2.160
2	2.095	190	0.325	12	2.095	230	3.800
3	2.095	190	2.160	13	2.095	230	5.000
4	2.095	190	5.000	14	2.095	265	12.500
5	2.095	190	10.000	15	2.095	275	0.325
6	2.095	190	21.600	16	2.095	280	21.600
7	2.095	200	5.000	17	2.095	190	5.000
8	2.095	200	10.000	18	2.095	220	10.000
9	2.095	230	0.325	19	2.095	230	5.000
10	2.095	230	1.200	20**	2.095	300	1.200

* 仅参考 ISO 标准；

** 仅参照国标。

2) 测定不同塑料熔体流动速率时的试验条件(见表 26)

表 26　不同塑料试验条件

塑料名称	条件序号	塑料名称	条件序号
聚乙烯	1,3,4,5,7	聚碳酸酯	20
聚甲醛	4	聚酰胺	10,6
聚苯乙烯	6,8,11,13	丙烯酸酯	9,11,13
ABS	8,9	纤维素酯	3,4
聚丙烯	12,14	—	—

3）实验参数设置方法（质量法）（见表27）

表27　程序设置（质量法）

上排数码管显示			下排数码管显示	操作
0		1	时钟	表示系统初始状态，按"SET"键进入试验方法设置
2	0	1	试验方法	表示试验方法设置状态，按上、下箭头键改变数值，将下排管设置为1，按"ENTER"键进入切割间隔时间设置
2	1	1	切割间隔时间(min或s)	表示切料间隔时间设置状态，按4个方向键改变数值，按"ENTER"键设置完成

4）实验参数设置方法（体积法）（见表28）

表28　程序设置（体积法）

上排数码管显示			下排数码管显示	操作
0		1	时钟	表示系统初始状态，按"SET"键进入试验方法设置
2	0	1	试验方法	表示试验方法设置状态，按上、下箭头键改变数值，将下排数码管设置为2，按"ENTER"键进入行程设置
2	2	1	行程(mm)	表示行程设置状态，按上、下箭头键选择试验要求的数值，按"ENTER"键进入砝码重量设置
2	2	2	砝码质量(kg)	表示砝码重量设置状态，按4个方向键设定试验要求数值，按"ENTER"键进入试验温度设置
2	2	3	试样温度(℃)	表示试验温度设置状态，按4个方向键改变数值，按"ENTER"键进入试样密度设置，按"ESC"返回砝码重量的设置
2	2	4	试样密度(g/cm³)	表示试样密度设置状态，按4个方向键设定试样密度，按"ENTER"键设置完成

5）热塑性塑料熔融状态下物料密度的测定

熔融指数仪也可以测定热塑性塑料熔融状态下物料的密度。具体的做法是先利用体积法测定熔融体积流动速率，然后将有效样条称重，根据下式计算样品熔融状态下的密度：

$$\rho = \frac{14m}{L} (\text{g/cm}^3) \qquad (4)$$

式中，m——样条质量(g)；

L——各个测量距离的平均值(cm)。

2.11　不饱和聚酯树脂的粘度测定实验

2.11.1　实验目的

(1) 学会使用 NDJ-7 型旋转粘度计;

(2) 掌握使用旋转粘度计测定不饱和聚酯树脂粘度的方法;

(3) 了解填料对不饱和聚酯树脂粘度的影响。

2.11.2　实验原理

1) 粘度

当液体受外力作用时,液体分子间将产生不可逆的位移,从而产生流动。由于液体分子间存在着分子间作用力,因此当液体流动时,分子间就会产生反抗其相对位移的摩擦力(内摩擦力),而液体的粘度就是液体分子间这种内摩擦力的表现。

当使用旋转粘度计测定液体的粘度时,被测液体的粘性阻力将作用于旋转粘度计的旋转表面,由于受到流体粘滞力的作用,旋转式粘度计的转筒会发生滞后从而产生转矩。转矩大小同液体粘度成正比,因而通过测定转矩即可测出液体粘度。

2) 旋转式粘度计

人结构上讲,旋转式粘度计主要是由一台同步微型电动机带动转筒以一定的速率在被测流体中旋转。旋转式粘度计是一种比较精密的仪器,它既适用于牛顿流体,也适用于非牛顿流体,且操作简单,测量快速方便,数据准确可靠,还便于连续测量,而且通过调节转速可以测量同一流体在不同剪切速率下的粘度,并且可根据测量的结果判断流体的类型。但旋转式粘度计也存在一些缺点,比如结构较复杂、价格较昂贵、零点较易漂移等。因此,在实际使用时要根据具体要求及工作环境来进行适当的选择。

3) 旋转式粘度计的分类

旋转式粘度计已在很大范围内广泛应用,并得到了快速发展。它既可以用以离线测量流体的粘度,也可进行在线测量,同时还优化了粘度计的功能,给工业生产带来了极大的便利。目前,常用的旋转式粘度计从结构上主要可以分为两种,即单圆筒旋转式粘度计(如图 23 所示)和双圆筒旋转式粘度计(如图 24 所示)。

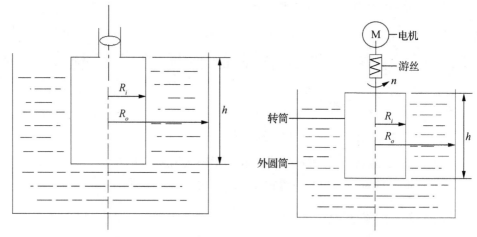

图 23　单圆筒旋转式粘度计示意图　　　图 24　双圆筒旋转式粘度计示意图

（1）单圆筒旋转式粘度计

顾名思义，单圆筒旋转式粘度计仅有一个圆筒，由一台微型同步电动机带动该圆筒与上下两个圆盘一起旋转。由于流体粘滞阻力的作用，圆筒及与圆筒刚性连接的下圆盘的旋转将会滞后于上圆盘，从而使得机器上的弹性元件产生扭转，通过测量这个扭转可得出圆筒所受到的粘性力矩 M，根据下式便得到流体的粘度：

$$\eta = \frac{1}{4\pi h}\left(\frac{1}{R_i^2 - R_o^2}\right)\frac{M}{\omega} \tag{1}$$

式中，η——液体动力粘度（Pa·s）；

　　　h——小圆筒浸于待测液体中的高度（m）；

　　　R_i——小圆筒的半径（m）；

　　　R_o——待测液体容器的半径（m）；

　　　M——粘性力矩（N·m）；

　　　ω——小圆筒旋转角速度（s^{-1}）。

单圆筒旋转式粘度计结构简单、安装方便、测量精度较高、响应速度较快、生产成本较低，适用于在线测量流体的粘度，例如用来随机监测及控制产品生产过程中的粘度。但该粘度计存在以下不足：

① 大多是机械式的，转筒的扭矩主要是通过弹性元件的扭转来获得的，因而对弹性元件的技术要求很高；

② 由于所得的数据都属于机械量，数据的记录和处理较困难。

（2）双圆筒旋转式粘度计

双圆筒旋转式粘度计有两个圆筒，又分为内筒旋转式和外筒旋转式两种。

① 内筒旋转式

此种粘度计外圆筒静止，内圆筒可以旋转。它的外圆筒主要用来盛放被测液体，内圆筒与外圆筒同轴，为一空心圆筒，使用时将内圆筒浸入被测流体中进行旋转。驱动用的微型同步电动机的壳体采用悬挂式安装，通过转轴带动内圆筒以一定的速率旋转，而内圆筒在被测流体中旋转时会受到粘滞阻力的作用，产生反作用迫使电机壳体偏转，电机壳体和两根一正一反安装的金属游丝相连，当壳体偏转时使游丝产生扭转，当游丝的扭矩与粘滞阻力力矩达到平衡时，与电动机壳体相连接的指针便在刻度盘上指出某一数值。此数值与转筒所受的粘滞阻力成正比，因此将刻度读数乘以特定系数 F（即转筒因子），就可表示成粘滞系数的量值。

内筒旋转式粘度计是最普通的一种旋转式粘度计，从它的结构以及运转方式来看，它一般用于流体粘度的离线式测量，如在实验室中测量采样流体的粘度值。因为影响粘度测量的因素很多，所以为了尽可能得到比较准确的粘度值，离线测量需要在一个人为设定的环境下进行，如给定温度、压力及流速等，甚至还需要提供与原流体近似的剪切力或剪切速率。在对某种溶液进行定性分析或对数据要求不高的实验中，温度仍是不可忽视的重要因素。实验证明，当与温度偏差 0.5 ℃时，有些流体粘度值偏差超过 5%，因此温度偏差对粘度影响很大（温度升高，粘度下降）。为了解决这个问题，一般采用恒温水浴来控制采样流体的温度，以保证样品与被测流体的温度一致，从而获得较准确的粘度值。

② 外筒旋转式

使用此种粘度计测量时，内、外圆筒都浸入被测流体中，开动电机后，电机将带动外圆筒以一定的速率进行旋转，位于内外圆筒之间的被测流体产生的粘滞力将带动内圆筒发生偏转，而一旦偏转发生，与内圆筒相连的张丝将扭转并将产生恢复力矩。该恢复力矩与粘滞力矩的方向相反，当这两种力矩达到平衡时，则内圆筒的偏转角大小与引起粘滞力矩的粘滞系数成正比，即粘滞系数和偏转角之间存在一定的函数关系，根据该函数关系，通过测量内圆筒的偏转角便可计算出流体的粘滞系数值。

2.11.3 实验原料及仪器

（1）实验原料：不饱和聚酯树脂（邻苯型）、无机填料 SiO_2（粒径小于 100 目）；

（2）实验仪器：NDJ-7 型旋转粘度计，由上海精密科学仪器有限公司生产；超级恒温水浴（501）。

2.11.4　实验步骤

（1）把不饱和聚酯树脂装入容器,并放置在(25.0±0.5)℃的恒温水浴中(保持水浴面略高于试样面);或将试样倒入粘度计的测定容器中,在(25.0±0.5)℃下恒温 10 min。

（2）选择适当的转子并安装在旋转粘度计的连接杆上,然后将其垂直浸入试样中,并根据粘度计的规定确定浸入深度;选择适当的转速,使测定读数落在 10%～90%满刻度值的范围内(尽可能落在 45%～90%之间)。

（3）当转筒(子)浸入试样中达 8 min 时开启马达,保持转筒旋转 2 min 后读数,然后关闭马达;之后再次开启马达,旋转 1 min 后第二次读数。

（4）测试完毕后倒出测试容器中的不饱和聚酯树脂试样,用丙酮等溶剂将转筒(子)及容器清洗干净。

（5）改变不饱和聚酯树脂中 SiO_2 的含量,分别测试 SiO_2 质量分数为 0,5%,10%,15%,20%共 5 组试样的粘度。

2.11.5　实验数据记录与处理

1）数据记录(见表 29)

表 29　不同 SiO_2 份数下不饱和聚酯树脂复合体系的测试结果

每 100 份中 SiO_2 的份数(份)	0	5	10	15	20
第一次读数					
第二次读数					
平均读数					

2）数据处理

（1）根据实验过程中所选用的转子,按照所用粘度计规定的换算公式计算体系的粘度;

（2）以填料 SiO_2 的质量分数为横坐标、粘度为纵坐标作图,考察填料含量对不饱和聚酯树脂粘度的影响。

2.11.6　实验注意事项

（1）不饱和聚酯树脂粘度高,在实验过程中应谨慎操作,尽量避免将树脂洒落在容器外部或衣物上造成污染。若不小心造成洒落,应及时用丙酮或配有洗衣液的热水进行清洗。

（2）实验过程中,应确保转子垂直悬挂在测试容器中,并完全浸没在不饱和聚酯树脂中。

2.11.7　思考题

（1）什么叫粘度？影响不饱和聚酯树脂粘度测定结果的因素有哪些？

（2）不饱和聚酯树脂的应用领域有哪些？

（3）盛装不饱和聚酯树脂的容器在使用后如何进行清洗？可否用自来水直接进行清洗？为什么？

2.12　粘度法测定高聚物的分子量实验

2.12.1　实验目的

（1）了解乌氏粘度计测定高聚物粘均分子量的基本原理;

（2）掌握粘度法测定聚乙二醇粘均分子量的基本操作及数据处理方法;

（3）掌握乌氏粘度计的使用方法。

2.12.2　实验原理

粘度是流体的性质,反映了流体流动阻力的大小,即液体分子间由于相互作用而产生的流动阻力(即内摩擦力)的大小。图 25 是液体流动的示意图。当相距为 ds 的上下两个液层分别以速度 $v+dv$ 和 v 移动时,产生的流速梯度为 $\dfrac{dv}{ds}$。当建立平稳流动时,维持一定流速所需的力(即液

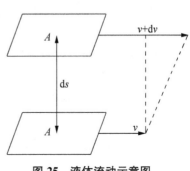

图 25　液体流动示意图

体对流动的阻力)f' 与液层的接触面积 A 及流速梯度 $\dfrac{dv}{ds}$ 成正比,即 $f'=\eta\cdot A\cdot\dfrac{dv}{ds}$。

若以 f 表示单位面积液体的粘滞阻力,即 $f=f'/A$,则

$$f=\eta\cdot\dfrac{dv}{ds} \tag{1}$$

上式称为牛顿粘度定律表示式,其比例常数 η 称为粘度系数,简称粘度。粘度的国际单位为 Pa・s,表示 1 s・N/m^2。在 c・g・s 制中,粘度的单位为泊(P),由

于一般液体的粘度较小,因此粘度单位又常用厘泊(cP)表示,有

$$1 \text{ cP} = 10^{-3} \text{ Pa} \cdot \text{s} = 1 \text{ mPa} \cdot \text{s}$$

高聚物在稀溶液中的粘度主要反映了液体在流动时存在着内摩擦,其中因溶剂分子之间的内摩擦表现出来的粘度叫纯溶剂粘度(记作 η_0),此外还有高聚物分子之间的内摩擦以及高分子与溶剂分子之间的内摩擦,三者之总和表现为溶液的粘度 η。在同一温度下,一般来说 $\eta > \eta_0$。溶液的粘度比溶剂的粘度增加的分数称为增比粘度,它是一个无因次的量,记 η_{sp},即

$$\eta_{sp} = \frac{\eta - \eta_0}{\eta_0} \tag{2}$$

而溶液粘度与纯溶剂粘度的倍数称为相对粘度,它也是一个无因次的量,记作 η_r,即

$$\eta_r = \frac{\eta}{\eta_0} \tag{3}$$

η_r 是整个溶液的粘度行为,η_{sp} 则意味着已扣除了溶剂分子之间的内摩擦效应,这两者之间的关系为

$$\eta_{sp} = \frac{\eta}{\eta_0} - 1 = \eta_r - 1 \tag{4}$$

对于高分子溶液,增比粘度 η_{sp} 往往随溶液的浓度 c 的增加而增加。为了便于分析浓度为 c 的情况下单位浓度增加对溶液增比粘度的贡献,定义比浓粘度,即 η_{sp}/c,其数值随溶液浓度 c 的表示法而异,也随浓度大小而变更,单位为浓度单位的倒数;定义比浓对数粘度,即 $\ln\eta_r/c$,表示浓度为 c 的情况下单位浓度增加对溶液相对粘度自然对数值的贡献,其值也是浓度的函数,单位与比浓粘度相同。

为了进一步消除高聚物分子之间的内摩擦效应,必须将溶液无限稀释,使得每个高聚物分子彼此相隔极远,其相互干扰可以忽略不计。这时溶液所呈现出的粘度行为基本上反映了高分子与溶剂分子之间的内摩擦。这一粘度的极限值记为

$$\lim_{c \to 0} \frac{\eta_{sp}}{c} = \lim_{c \to 0} \frac{\ln\eta_r}{c} = [\eta] \tag{5}$$

式中,$[\eta]$ 被称为特性粘度,表示高分子溶液 $c \to 0$ 时,单位浓度的增加对溶液增比粘度或相对粘度自然对数值的贡献。其值不随浓度大小而变化,但随浓度的表示方法而异,其单位是浓度单位的倒数,即 dL/g 或 mL/g。实验证明,当聚合物、溶剂和温度确定以后,$[\eta]$ 的数值只与高聚物平均相对分子质量 $\overline{M}$ 有关,它们之间的

半经验关系可用 Mark-Houwink 方程式表示,即

$$[\eta] = K \cdot \overline{M}^a \tag{6}$$

式中,K 和 α 是经验常数,取值在 0.5~1 的范围内,一般小于 0.8。K 和 α 取决于聚合物、溶剂的种类和温度,必须对每一聚合物、溶剂、温度不同的情况进行校正,之后即可用来在同样条件下测定该聚合物的分子量。

K 和 α 的数值只能通过其他绝对方法确定,例如渗透压法、光散射法等等。粘度法只能通过测定 $[\eta]$ 来算出 $\overline{M}$,而不能用于测定 K 和 α 的值。

测定液体粘度的方法主要有三种:

(1) 用毛细管粘度计:测定液体在毛细管里的流出时间。这类粘度计包括玻璃毛细管粘度计、熔融指数仪、孔式粘度计等。

(2) 用落球式粘度计:测定圆球在液体里的下落速度。

(3) 用旋转式粘度计:测定液体与同心轴圆柱体相对转动的情况。此类粘度计涉及圆锥、圆筒或圆盘的转动,通过实验测得角速度和施加的扭矩即可计算出粘度。

测定高分子的 $[\eta]$ 时,用毛细管粘度计最为方便。当液体在毛细管粘度计内因重力作用而流出时遵守 Poiseuille 定律(又称 r^4 定律),即

$$\frac{\eta}{\rho} = \frac{\pi h g r^4 t}{8 l V} - m \frac{V}{8 \pi l t} \tag{7}$$

式中,ρ——液体的密度(kg/m^3);

l——毛细管的长度(m);

r——毛细管的半径(m);

t——流出时间(s);

h——流经毛细管液体的平均液柱高度(m);

g——重力加速度,即为 9.8 m/s^2;

V——流经毛细管的液体体积(m^3);

m——与仪器的几何形状有关的常数,在 $\frac{r}{l} \ll 1$ 时,可取 $m=1$。

对某一支指定的粘度计而言,令 $\alpha = \frac{\pi h g r^4}{8 l V}$,$\beta = m \frac{V}{8 \pi l}$,则 Poiseuille 定律可改写为

$$\frac{\eta}{\rho} = \alpha t - \frac{\beta}{t} \tag{8}$$

式中，$\beta<1$。

通常选用适当的粘度计，当待测溶液和溶剂的流出时间超过 100 s 时可认为液体流动时不产生湍流，式(8)右边第二项可以忽略。又由于极稀溶液的密度 ρ 与溶剂密度 ρ_0 近似相等，因此在一定的实验条件下，用同一支粘度计通过测定不同浓度的溶液和溶剂的流出时间 t 和 t_0 就可求算 η_r，即

$$\eta_r = \frac{\eta}{\eta_0} = \frac{t}{t_0} \qquad (9)$$

进而可计算得到 η_{sp} 和 η_{sp}/c 的值。配制几个不同浓度的溶液，分别测定溶液的粘度及溶剂的粘度，计算出 η_{sp}/c，$\ln\eta_r/c$，并在同一张图上以 η_{sp}/c，$\ln\eta_r/c$ 为纵坐标，c 为横坐标作图，得两条直线，分别外推到 $c\to0$ 处，其共同的截距即为 $[\eta]$（见图 26），再代入 Mark-Houwink 方程式（K，α 已知），即可得到 $\overline{M}$。

用粘度计测定分子量，具有设备简单、操作方便以及相当好的实验精度等特点，因此是高分子材料工业和科研中最广泛使用的方法。用粘度法测定的高聚物分子量称为粘均分子量，此种测试方法准确度最高为 $\pm5\%$，一般在 20% 左右，适用测试的分子量范围为 $10^4\sim10^7$。

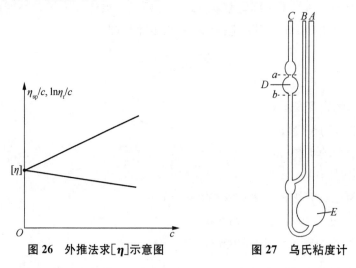

图 26　外推法求 $[\eta]$ 示意图　　　图 27　乌氏粘度计

本实验中采用的是乌贝罗特(Ubbelohde)粘度计，简称乌氏粘度计，其结构如图 27 所示。它的最大优点是溶液的体积对测定没有影响，因此可以在粘度计内采取逐渐稀释或加浓的方法测定不同浓度溶液的粘度。乌氏粘度计毛细管 C 的直径和长度以及球 D 的大小（即流出体积的大小）是根据所用溶剂的粘度选定的，要求纯溶剂在室温下流出的时间不小于 100 s。但毛细管直径不宜小于 0.5 mm，否则测定和洗涤时易堵塞。由于粘度计是用玻璃吹制而成，其支管 A 和 B 很易折断，

使用时应特别小心。

2.12.3　实验试剂及仪器

（1）实验试剂：聚乙二醇溶液，浓度为 $0.03\ g \cdot mL^{-1}$。

（2）实验仪器：超级恒温槽，1 台；乌氏粘度计，1 只；秒表，1 只；50 mL 注射器，1 只；粘度计夹，1 个；$10\ cm^3$ 移液管，2 根；$5\ cm^3$ 移液管，1 根；100 mL 锥形瓶，2 只。

2.12.4　实验步骤

（1）在实验前先将所用粘度计、容量瓶、移液管等仔细洗净，其中粘度计可先用洗液，后用自来水，最后用酒精洗后烘干。

（2）调节恒温槽的温度为 25 ℃；在洗净烘干的乌氏粘度计 B 管和 C 管上各套一段乳胶管；用粘度计夹夹住粘度计并垂直置于恒温槽中，调节粘度计的位置，使 D 球低于水面约 1 cm。

（3）用干燥的移液管吸取 10 mL 蒸馏水，自 A 管注入粘度计 E 球内，在 (25 ± 0.02) ℃下恒温 5 min 后，用夹子将 B 管的乳胶管夹紧，使其不漏气；用注射器（或洗耳球）从 C 管上端将溶液吸入 D 球中，并达到其体积的三分之二以上；然后取下注射器（或洗耳球）使 C 管上口通大气，此时 D 球中液面开始下降，再松开 B 管上乳胶管的夹子使其通大气，D 球中液体重新回到 E 球中。当 D 球中液面流经刻度 a 时立即启动秒表计时，当液面降到刻度 b 时按停秒表，记录液面由 a 至 b 所需时间 t_0。重复以上操作测量时间 3 次，且每次测量的时间误差应在 0.2 s 以内，再取 3 次测量结果的平均值作为 $\bar{t}_0$ 值。

（4）用移液管吸取已恒温的聚乙二醇溶液 2.00 mL 并加入到 E 球中，用注射器（或洗耳球）从 B 管鼓气进行搅拌，并将溶液慢慢地抽上流下数次，使之混合均匀，再如上法测定溶液流经 a,b 刻度的时间。接着，依次加入 3.00 mL、5.00 mL、5.00 mL、10.00 mL 聚乙二醇溶液，同法逐一测定溶液流经 a,b 刻度的时间。每加入一次溶液均须重复测量时间 3 次，再取 3 次测量结果的平均值作为 $\bar{t}$ 值。

（5）实验结束后倒出溶液，用蒸馏水清洗粘度计 3 次（尤其要洗净毛细管部分），最后用蒸馏水浸泡、备用。

2.12.5　实验数据记录和处理

1）数据记录

（1）室温：_____℃，大气压：_____Pa；

（2）恒温水浴温度：＿＿＿＿＿℃，聚乙二醇溶液浓度：＿＿＿＿＿g/mL。

2）数据处理

（1）由实验所测的 $\bar{t}_0$ 和 $\bar{t}$ 值分别计算 η_r，$\ln\eta_r$，$\ln\eta_r/c$，η_{sp} 和 η_{sp}/c 值。

（2）以 $\ln\eta_r/c$ 和 η_{sp}/c 为纵坐标，c 为横坐标作图，并将所得直线外推至 $c=0$，求出直线在纵坐标上截距 A 值，再由下式计算特性粘度 $[\eta]$：

$$[\eta]=\frac{A}{c_0}$$

式中，c_0——溶液实际起始浓度（g/mL）。

（3）已知 298.2K 时聚乙二醇水溶液的 $K=1.56\times10^{-1}$ cm³/g，$\alpha=0.5$，求出聚乙二醇的粘均分子量 $\overline{M}$。

（4）数据记录与处理表（见表 30）

表 30　粘度实验数据及处理值

纯溶剂体积(cm³)		10					
溶液累计体积(cm³)		0	2.00	5.00	10.00	15.00	25.00
相对浓度(c)		—	1/6	1/3	1/2	3/5	5/7
溶液(溶剂)流出时间(s)	1						
	2						
	3						
	$\bar{t}(\bar{t}_0)$						
η_r							
$\ln\eta_r$							
$\ln\eta_r/c$		—					
η_{sp}							
η_{sp}/c		—					

2.12.6　实验注意事项

（1）粘度计必须洁净，如毛细管壁上挂有小珠，需用洗液浸泡（所用洗液需用 2 号砂蕊漏斗过滤，以除去其中的微粒杂质）。

（2）本实验中采用的是逐渐加浓法，即在同一粘度计内测一系列浓度溶液的流出时间，故每次加入的体积要正确，加入溶液后需充分混合均匀。

（3）为避免温度变化引起体积变化，溶液与溶剂需在同一恒温槽中进行恒温。

（4）聚乙二醇溶液易形成泡沫，而泡沫的存在会直接影响流出时间的测定，甚至使实验无法进行，因此在实验操作中抽吸溶液必须缓慢，避免气泡的形成。

（5）测定时粘度计要垂直放置,否则每次测定时液柱高度不等会影响结果的正确性。

（6）实验完毕后粘度计必须洗涤干净(特别是粘度计毛细管内)。

（7）粘度计中毛细管的半径不宜小于 0.5 mm,一般应使纯溶剂流出时间在 100 s 以上,否则必须考虑动能改正。

（8）若室温超过 298.2 K,则可在 303.2 K 或 308.2 K 时进行测定。各温度下聚乙二醇水溶液的 K 和 α 值见表 31。

表 31　不同温度下聚乙二醇水溶液的 K 值和 α 值

温度(K)	$K(cm^3/g)$	α
298.2	1.56×10^{-1}	0.50
303.2	1.25×10^{-2}	0.78
308.2	1.66×10^{-2}	0.82

（9）如果高聚物在溶液中发生降解作用或者高聚物分子呈现聚电解质行为,则 η_{sp}/c 或 $\ln\eta_r/c$ 对 c 作图缺乏良好的线性关系,可能会使 $\overline{M}$ 结果偏低。

2.12.7　思考题

（1）影响粘度法测定聚合物分子量准确性的因素有哪些? 实验过程中应注意哪些事项?

（2）乌氏粘度计的毛细管太粗或太细会导致哪些问题?

（3）利用粘度法测定高聚物分子量的局限性是什么? 其适用的分子量范围是多少?

（4）粘度法测定聚合物的分子量时为什么不是直接测定溶液的粘度,而是分别测定溶液和溶剂在毛细管中流出的时间?

（5）本实验的实验过程是按由稀到浓进行测定,是否可用由浓到稀逐渐稀释法进行测定?

（6）如果实验所得 η_{sp}/c-c（或 $\ln\eta_r/c$-c）图形缺乏良好的线性关系,其原因有哪些?

2.13　聚合物的逐步沉淀分级实验

2.13.1　实验目的

（1）了解逐步沉淀分级法的基本原理;

（2）掌握逐步沉淀分级的操作方法；

（3）进一步加深对聚合物良溶剂、不良溶剂的理解。

2.13.2　实验原理

级分的分离过程称为"分级"。逐步沉淀分级是聚合物相对分子质量分级的经典方法之一，它通过改变溶剂与沉淀剂的比例或改变温度来控制聚合物的溶解能力，而聚合物的溶解能力与其相对分子质量有关，据此可得到不同平均相对分子质量的级分，并可获得聚合物的相对分子质量的分布情况。

对聚合物有良好的溶解或溶胀能力的溶剂称之为该聚合物的良溶剂。在良溶剂中，聚合物以分子为单位分散在溶剂中形成均一的一相，这个过程叫作溶解，所形成的均相混合物叫作溶液。若在溶液中加入沉淀剂或降低温度，则良溶剂将逐渐变成不良溶剂。随着溶剂不良程度的增加，其对高分子的溶剂化作用将逐渐减弱，以致小于高分子的内聚力，于是聚合物即从溶液中凝聚出来，使溶液分成两相——稀相（又叫做溶液相）和浓相（又叫做凝液相）。这一现象叫做高分子溶液的相分离。

对于由多个级分组成的聚合物，可先选择适当的良溶剂将其配成约 1% 的稀溶液并维持一定的温度，然后逐步滴加沉淀剂，改变混合溶剂的溶解度参数，使混合溶剂由良变成不良到一定程度时，相对分子质量最大的级分就开始进入凝液相而产生相分离；移去凝液相后，往溶液相中继续滴加沉淀剂，相对分子质量较小的级分也会进入凝液相，再次进行相分离。如此反复，就可将试样分成相对分子质量由小到大的 10～20 个"级分"。

聚合物的分级也可以由"逐步降温法"实现。开始时，将聚合物溶液维持在比较高的温度，滴加沉淀剂使之产生相分离；移去凝液相后，降低溶液相温度，直至再次产生新的相分离。如此反复，即可得到相对分子质量逐渐减小的级分。

必要时，可将降温分级法与沉淀分级法结合在一起使用。

本实验使用沉淀分级法进行分级。

2.13.3　实验试剂及仪器

（1）实验试剂：聚苯乙烯（相对分子质量约为 2×10^5）、甲苯、无水乙醇。

（2）实验仪器：锥形瓶、恒温水槽。

2.13.4　实验步骤

（1）称取 2 g 聚苯乙烯样品并置于 100 mL 的 1# 锥形瓶中，利用 50 mL 甲苯在温热条件下对其进行溶解(为了加快溶解速度,溶解过程中可用玻璃棒轻轻进行搅拌);溶解完毕后将滤液滤入 2# 锥形瓶中,再取 150 mL 甲苯,先以少量甲苯洗涤 1# 锥形瓶,洗液同样滤入 2# 锥形瓶中,然后将余下甲苯加入 2# 锥形瓶中并摇匀。

(2) 将盛有溶液的 2# 锥形瓶放入 30 ℃的恒温水槽中恒温 5 min,然后边轻摇 2# 锥形瓶边向其中滴加无水乙醇。起初阶段,瓶中溶液出现白色浑浊,但浑浊会很快消失。继续边轻摇 2# 锥形瓶边向其中滴加无水乙醇直至溶液出现稍微蓝白色浑浊后,再继续滴加无水乙醇至出现乳白色浑浊(以从瓶外侧看不见插在瓶中溶液里的玻璃棒为准)为止(无水乙醇总滴加量约 95 mL)。将 2# 锥形瓶塞紧塞子,慢慢从恒温槽中取出并浸入 50～60 ℃水浴中温热至瓶中变成均相,然后取出瓶子,在室温下轻轻摇动瓶子并自然冷却至约 30 ℃,再放入 30 ℃恒温水槽中静置。

(3) 静置 24～48 h 后,2# 锥形瓶内将分成清晰的两层。轻轻取出 2# 锥形瓶,擦干瓶外水迹,再轻轻将瓶中稀相移至 600 mL 烧杯中,余下的浓相倾入 25 mL 烧杯中。往浓相中加入 10 mL 无水乙醇,可观察到有整块白色沉淀析出。将沉淀物用玻璃棒挤压、晾干,再用少量无水乙醇洗 3 次,然后将沉淀物切碎(注意不能污染),再用无水乙醇浸泡,用表面皿盖好,放置过夜后晾干,再转入称量过的称量瓶中干燥至恒重,得到第一个级分。

(4) 重复上述操作,直至得到 5 个级分(第 2～5 次无水乙醇的加入量依次约 1.5 mL、2 mL、3 mL 及 5 mL)。

2.13.5　实验数据记录及处理

1) 数据记录(见表 32)

表 32　分离各级分的乙醇加入量及各级分质量

级分	一	二	三	四	五
乙醇加入量(mL)					
质量(g)					

2) 数据处理

分级损失 $x(\%)$ 的计算公式为

$$x = \frac{m_0 - \sum\limits_{i=1}^{5} m_i}{m_0} \times 100\% \tag{1}$$

式中,m_0——聚合物原始质量(g);

m_i——第 i 级分的质量(g)。

2.13.6　实验注意事项

（1）滴定的终点判断直接影响实验结果，因此在实验操作过程中要合理判断滴定终点；

（2）为确保实验结果准确，应严格控制实验温度。

2.13.7　思考题

（1）影响分级的因素有哪些？它们是如何影响的？

（2）如何根据逐步沉淀分级实验结果绘制相对分子质量的积分分布曲线？

（3）应用分级的方法测定聚合物的相对分子质量分布时，能否直接使用实验所得的各个级分的重量分数对每个级分的平均相对分子质量作图而得到该聚合物的相对分子质量分布曲线？为什么？

（4）在进行结晶聚合物的逐步沉淀分级时，在沉淀剂比例较小的混合溶剂中或较高温度下析出的级分肯定是相对分子质量大的组分吗？为什么？

2.14　塑料热变形温度的测定实验

2.14.1　实验目的

（1）学会使用热变形温度测定仪；

（2）了解塑料在受热情况下变形温度测定的物理意义。

2.14.2　实验原理

玻璃化温度：高分子化合物发生玻璃化转变时，即由玻璃态向高弹态转变时的温度。玻璃化温度是塑料使用的上限温度，是橡胶使用的下限温度。

维卡软化点：将热塑性塑料置于特定液体传热介质中，以及在一定的负荷和一定的等速升温条件下，试样被 $1\ mm^2$ 的针头压入 $1\ mm$ 时的温度。

热变形温度（HDT）：将塑料试样放入等速升温的合适液体（如甲基硅油）传热介质中，在规定的弯曲负载（简支架式）的作用下进行连续升温变形达到规定值时的温度。热变形温度一般适用于常温下是硬质的模塑材料或板材。

聚合物的耐热性能：聚合物在温度升高时保持其物理机械性质的能力。在一定负荷下，聚合物材料达到某一规定形变值时的温度称为其耐热温度，而发生形变时的温度通常称为塑料的软化点 T_s。

热变形温度在一定程度上反映了聚合物材料的耐热性能,但该方法只作为鉴定新产品热性能的一个指标,但不代表其使用温度。

2.14.3　实验试样及仪器

1) 聚丙烯试样

(1) 试样为截面是矩形的长条,其尺寸规定如下:

① 模塑试样:长 $L=120$ mm,高 $h=15$ mm,宽 $b=10$ mm;

② 板材试样:长 $L=120$ mm,高 $h=15$ mm,宽 $b=3\sim13$ mm(取板材原厚度)。

(2) 试样表面应平整光滑,无气泡、锯切痕迹或飞边等缺陷。

(3) 每组试样最少 2 个。

(4) 试样需进行 24 h 以上的存放处理。

2) 热变形、维卡软化点温度测定仪(XRW-300A 型)

该测定仪由承德市金建检测仪器有限公司生产。测定仪加热浴槽应选择对试样无影响、室温时粘度较低的传热介质,如硅油、变压器油、液体石蜡、乙二醇等(本实验选用甲基硅油为传热介质)。

2.14.4　实验步骤

(1) 测量试样中点附近的高度 h 和宽度 b(精确到 0.02 mm),并由 b 值确定加荷重量,按公式计算砝码重量。

(2) 把试样成对地放在热变形仪的试样支架上,且高度为 15 mm 的一面垂直放置,然后插入温度计。温度计水银球须在试样两支座的中点附近,并与试样相距在 3 mm 以内,但不要触及试样(见图 28)。

(3) 把装好试样的支架小心放入保温油浴中,且试样应置于液面以下至少 35 mm;再在试样架上部的圆盘上加上砝码,使试样产生所要求的最大弯曲正应力为 1.85 MPa 或 0.46 MPa。

(4) 砝码加好后即开始搅拌,并在 5 min 后调节变形测量装置,使之为零(如果材料加载后不发生明显的蠕变,就不需要等待这段时间),按下速度选择按钮("1" 为 50 ℃/h,"2" 为 120 ℃/h,"3" 为自由升温)开启加热开关,然后按下升温启动旋钮。

(5) 当试样中点变形量达到 0.21 mm 时,迅速记录此时的温度(61 ℃左右)。此温度即为该试样相应最大弯曲正应力条件下的热变形温度。

(6) 材料的热变形温度值以同组试样的算术平均值表示。

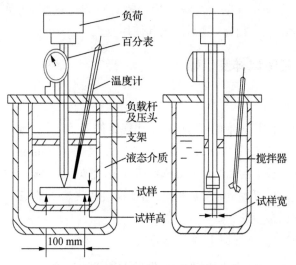

图 28　热变形温度试样放置示意图

（7）当达到预设的变形量或温度，实验自动停止。待冷却后，向上移动位移传感器托架将砝码移开，再升起试样支架将试样取出。

（8）实验完毕后，依次关闭各电源。

2.14.5　实验数据记录与处理

1）数据记录（见表 33）

表 33　试样尺寸及热变形温度

试样编号	宽度(mm)	高度(mm)	热变形温度(℃)
1			
2			

2）数据处理

材料的热变形温度值以同组 2 个试样的算术平均值表示，即

$$t=\frac{t_1+t_2}{2}$$

式中，t_1，t_2 分别为试样 1 和试样 2 的热变形温度。

2.14.6　实验注意事项

规定应力下所需砝码重量的计算公式为

$$P=\frac{2\delta bh^2}{3L}-R-T$$

式中，δ——最大弯曲应力（1.85 MPa 或 0.46 MPa）；

　　　b——试样的宽度（mm）；

　　　h——试样高度（mm）；

　　　L——试样架下面的两支点间的距离（cm）；

　　　R——砝码盘及压头等总重量（g）；

　　　T——百分表弹簧力（g）。

2.14.7　思考题

（1）热变形温度和维卡软化点在概念上有何不同？

（2）热变形温度测定实验所用的加热介质应满足什么样的条件？

（3）热变形温度反映塑料哪方面的物理性能？

2.15　聚丙烯塑料维卡软化点的测定实验

2.15.1　实验目的

（1）了解热塑性塑料的维卡软化点概念及测试原理；

（2）掌握聚丙烯试样维卡软化点的测定方法。

2.15.2　实验原理

聚合物的耐热性能通常是指聚合物在温度升高时保持其物理机械性质的能力。将试样放在标准夹具上，在试样上施加规定的负荷，并在规定的升温速率下连续升温，当聚合物材料达到某一规定形变值时的温度称为其软化点 T_s。因为使用不同测试方法各有其规定选择的参数，所以软化点的物理意义不像玻璃化温度那样明确。常用维卡（Vicat）耐热和马丁（Martens）耐热以及热变形温度测试方法测试塑料的耐热性能，不同方法的测试结果相互之间无定量关系，因此可分别用来对不同塑料作相对比较。

维卡软化点测定就是测定热塑性塑料置于特定液体传热介质中，以及在一定的负荷和一定的等速升温条件下，试样被 1 mm² 的针头压入 1 mm 时的温度。该方法只适用于测定大多数热塑性塑料，实验测得的维卡软化点仅适用于控制质量和作为鉴定新品种热性能的一个指标，但不代表材料的使用温度。

2.15.3　实验试样及仪器

1）聚丙烯试样

（1）维卡软化点测定实验中,试样厚度应为 3～6 mm,宽和长至少为 10 mm（或直径大于 10 mm）。其中:

① 模塑试样:厚度为 3～4 mm。

② 板材试样:厚度取板材原厚,但厚度超过 6 mm 时,应将试样一面加工成 3～4 mm;如厚度不足 3 mm 时,可由 2 块（最多 3 块)板材试样叠合成厚度大于 3 mm 后方可进行测量。

（2）试样的支撑面和切面应平行,且表面平整光滑,无气泡、锯齿痕迹、凹痕或飞边等缺陷。

（3）每组试样为 2 个。

（4）试样需经 24 h 以上的存放处理。

2）热变形、维卡软化点温度测定仪（XRW-300A 型）

该测定仪由承德市金建检测仪器有限公司生产。测定仪加热浴槽应选择对试样无影响、室温时粘度较低的传热介质,如硅油、变压器油、液体石蜡、乙二醇等（本实验选用甲基硅油为传热介质）。

2.15.4　实验步骤

1）试样压头和试样的安装

按一下主机面板的"上升"按钮将支架升起,选择维卡测试所需的针式压头装在负载杆底端（压头上标有编号印记,安装时应与试样架的印记一一对应）;然后抬起负载杆,将待测试样放置在压头下方并用压头压住（压头位于试样中心位置并与其垂直接触）,试样另一面由支架底座支撑（此时负载杆不能抬起,以防试样滑跑）;按"下降"按钮,将支架小心浸入油浴槽中,并使试样位于液面 35 mm 以下（浴槽的起始温度应低于材料的维卡软化点 50 ℃）。

2）载荷的选择

按测试需要选择砝码,载荷的大小参照国家标准 GB/T 1633、GB/T 1644 执行（荷重＝压头及负载杆力＋千分表弹簧力＋砝码力）。比如,本仪器中,若压头及负载杆力为 60 g 力,千分表弹簧力为 40 g 力,要加载 100 g 力,直接放上千分表就可以了;再比如要加载 1 000 g 力,只需加一个 500 g 和两个 200 g 的砝码就可以了。安放砝码时,将砝码平放在托盘上,砝码凹槽向上,并要求放正。

3）调整预压变形量

上下移动千分表托架，使千分表与砝码平面直接垂直接触，预压千分表读数为 2.000 mm 左右（保证预压值大于 1 mm），然后按千分表的"ZERO"键清零。

4）**控温参数的设定**

接通电源后，显示屏将显示"欢迎使用金建产品，请按继续键"。

（1）按下"继续"键后，屏幕将提示输入设定值。此时光标在"温度设定"后面闪烁，按"温度设定"键，将可设定本次实验所需达到的上限温度值（上限温度值在 000～250 ℃之间时，每按下"温度设定"键，设定值将增加 50 ℃；大于 250 ℃时，每按下"温度设定"键，设定值将增加 10 ℃；当到达 350 ℃时，再按下"温度设定"键，温度将回到 50 ℃）。

（2）上限温度设定之后，按"速率设定"键，光标将跳到"速率设定"提示后面，再次按动该键，将显示速率值为 050 ℃/h，再按下则速率值为 120 ℃/h。若再按"速率设定"键，则速率值又变为 050 ℃/h。

（3）速率值设定好后，按动"加载负荷"键，光标将跳到"加载负荷"提示后面，且显示为 000.0 N，再按动此键，将对其最高位进行设定，且每按一次数值增一；然后按动"→"键，光标将移到下一位，再按"加载负荷"键可对该位进行设定（按照此步骤进行，直到四位全部设定完）。

（4）以上三项全部设定完成后，按照提示按动"继续"键。当温度设定值大于 250 ℃时，按下"继续"键后系统将提示："上限温度设定值是否超过介质的燃点"。如果超过介质燃点，请按"确认"键，此时系统将显示参数设定屏，可以重新设定参数；如果不超过介质燃点，请按"取消"键，此时除了显示刚刚设定的参数外，还将显示即时温度。

5）**启动控温功能**

当以上工作都完成后，系统将启动控温功能。

6）**记录实验结果**

在实验过程中须密切注意千分表的指示值，当观察到某一试样架上的千分表指示值达到－1.000 时（即变形量为 1 mm），按下键盘中的对应键（如当第一个试样架上的千分表达到预定变形量时，就按下"Ⅰ架"），此时系统将把此时温度保存起来。

7）**打印实验报告**

当一次实验做完后按下"打印"键，打印机将自动打印出此次实验的有关数据。

8) 结束实验

将所有开关拨向"关"的位置,然后取下试样架上的砝码,取出试样架,取下试样,再让油浴温度自然冷却至室温,结束本次实验,并进行下次实验准备。

2.15.5 实验数据记录及处理

1) 数据记录(见表34)

表34 试样尺寸及维卡软化点

试样编号	宽度(mm)	高度(mm)	维卡软化点(℃)
1			
2			

2) 数据处理

材料的维卡软化点温度值以同组2个试样的算术平均值表示,即

$$t = \frac{t_1 + t_2}{2}$$

式中,t_1,t_2分别为试样1和试样2的维卡软化点温度。

2.15.6 实验注意事项

(1) 试样中不应有气泡夹杂等缺陷,否则会影响测试结果。

(2) 上限温度设定值不能超过介质的燃点。

2.15.7 思考题

(1) 维卡软化点的测定方法和热变形温度的测定方法有何不同?

(2) 如何选择加载砝码?

(3) 放置试样时应注意哪些事项?

2.16 浊点滴定法测定聚合物的溶解度参数实验

2.16.1 实验目的

(1) 了解溶解度参数的基本概念和实用意义;

(2) 学习用浊点滴定法测定聚合物溶解度参数的操作方法;

（3）了解聚合物在溶剂中的溶解情况。

2.16.2　实验原理

聚合物的溶解度参数是表示物质混合能与相互溶解的关系的参数,与物质的内聚能有关。对于小分子来说,内聚能就是其汽化能,可用实验测出摩尔汽化热来表示其摩尔内聚能,从而得出其溶解度参数。但对于聚合物而言,其相对分子质量大,分子间相互作用强,加热汽化过程中尚未达到汽化点前聚合物往往便会发生裂解,因而它既不能挥发,也不存在气态,不存在汽化热一说,因此其溶解度参数不能由汽化热直接测得,而是通过一些间接方法进行测定,常见的实验方法有粘度法、交联后的溶胀平衡法、反相色谱法和浊点滴定法等,也可通过组成聚合物基本单元的化学基团的摩尔吸引常数来进行估算。确定某一聚合物的溶解度参数对聚合物溶剂的选择有重要意义。

利用溶剂溶解聚合物的过程实际上是一个混合过程,要想使其能够自发进行,混合过程的自由能变应小于 0,即

$$\Delta_{mix}G = \Delta_{mix}H - T\Delta_{mix}S < 0 \tag{1}$$

式中,$\Delta_{mix}G$——混合过程中的自由能变;

$\quad\quad\Delta_{mix}H$——混合过程中的焓变;

$\quad\quad\Delta_{mix}S$——混合过程中的熵变;

$\quad\quad T$——温度。

由于混合过程总是导致体系混乱度增加,因而 $\Delta_{mix}S > 0$,要想使 $\Delta_{mix}G < 0$,则 $\Delta_{mix}H$ 应越小越好。

根据 Scatchard-Hildebrand 方程

$$\Delta_{mix}H = \varphi_1\varphi_2\left[\left(\frac{\Delta E}{V}\right)_1^{\frac{1}{2}} - \left(\frac{\Delta E}{V}\right)_2^{\frac{1}{2}}\right]^2 V_{mix} \tag{2}$$

式中,$\Delta E/V$ 称为内聚能密度,定义"内聚能密度"的平方根为溶解度参数 δ,即

$$\delta = (\Delta E/V)^{1/2} \tag{3}$$

则(2)式可写成

$$\Delta_{mix}H = \varphi_1\varphi_2(\delta_1^{\frac{1}{2}} - \delta_2^{\frac{1}{2}})^2 V_{mix} \tag{4}$$

从式(4)可知,$\Delta_{mix}H$ 始终为正值,且当溶质和溶剂的溶解度参数越接近,则 $\Delta_{mix}H$ 越小,$\Delta_{mix}G$ 越有可能成为负值,确保溶解过程自发进行;反之,若溶质和溶

剂的溶解度参数相差越大,则越有可能导致聚合物不能被溶剂溶解。

浊点滴定法是在两元互溶体系中,如果聚合物的溶解度参数 δ_P 介于两个互溶的溶剂 δ_S 值的范围内,则可通过调节这两个互溶混合溶剂的溶解度参数 δ_{sm},使 δ_{sm} 与 δ_P 相近。混合溶剂的溶解度参数 δ_{sm} 与两个互溶溶剂的溶解度参数之间的关系可近似地表示为

$$\delta_{sm}=\Phi_1\delta_1+\Phi_2\delta_2 \tag{5}$$

式中,Φ_1——混合溶剂中组分 1 的体积分数;

Φ_2——混合溶剂中组分 2 的体积分数。

将待测聚合物溶于某一溶剂中,然后用沉淀剂来滴定(该沉淀剂与溶剂互溶),当滴至溶液开始出现混浊时,即可得到混浊点时混合溶剂的溶解度参数 δ_{sm} 值。

聚合物溶于两元互溶溶剂的体系中,体系的溶解度参数应有一个范围。本实验选用两种不同溶解度参数的沉淀剂滴定聚合物溶液,这样可得到溶解该聚合物混合溶剂的溶解度参数的上限和下限,取其平均值就是聚合物的溶解度参数 δ_P值,即

$$\delta_P=(\delta_{mh}+\delta_{ml})/2 \tag{6}$$

式中,δ_{mh}——高溶解度参数的沉淀剂滴定聚合物溶液在混浊点时混合溶剂的溶解度参数;

δ_{ml}——低溶解度参数的沉淀剂滴定聚合物溶液在混浊点时混合溶剂的溶解度参数。

2.16.3 实验试剂及仪器

(1) 实验试剂:三氯甲烷、正戊烷、甲醇、聚苯乙烯。

(2) 实验仪器:15 mL 滴定管,1 只;5 mL 滴定管,1 只;10 mL 移液管,1 只;5 mL 移液管,1 只;25 mL 锥形瓶,4 只;50 mL 烧杯,1 只;滴定台,1 台;洗耳球,1 只。

2.16.4 实验步骤

(1) 称取 0.2 g 聚苯乙烯并置于 50 mL 烧杯中,然后加入 25 mL 三氯甲烷溶剂进行溶解,制备聚苯乙烯溶液(为了提高溶解速度,此处可用热水浴加热)。

(2) 用移液管取 5 mL 聚苯乙烯溶液并放入一锥形瓶中,用正戊烷滴定(滴定时要轻轻晃动锥形瓶,至沉淀不消失为终点),并记下滴定用去的正戊烷体积。

(3) 用移液管另取 5 mL 聚苯乙烯溶液并放入另一锥形瓶中,用甲醇沉淀剂滴

定聚合物溶液,同样至沉淀不再消失为止,记下消耗甲醇的体积。

(4) 将 0.1 g 及 0.05 g 聚苯乙烯分别溶于 25 mL 三氯甲烷溶剂中配制不同浓度的溶液,然后分别按实验步骤(2)和(3)的操作顺序进行滴定。

2.16.5　实验数据记录与处理

(1) 由式(5)计算混合溶剂的溶解度参数极限值 δ_{mh} 和 δ_{ml}。

(2) 由式(6)计算聚合物的溶解度系数 δ_P。

(3) 将实验数据及计算结果列于表 35 中。

表 35　浊点滴定法实验数据及计算结果

编号	溶液浓度 (g/mL)	正戊烷(mL)	甲醇(mL)	δ_{mh}	δ_{ml}	δ_P
1						
2						
3						
⋮						

2.16.6　实验注意事项

终点的确定直接影响测定结果,因此实验过程中必须严格控制好终点。

2.16.7　思考题

(1) 利用不同浓度的聚合物溶液测定的溶解度参数结果有无差别? 为什么?

(2) 影响实验结果的因素有哪些? 如何克服?

(3) 聚合物溶剂选择的依据是什么?

(4) 聚合物溶解度参数的确定方法有哪些?

2.17　材料线膨胀系数的测量实验

2.17.1　实验目的

(1) 了解线膨胀系数的测试原理及方法;

(2) 对比分析不同材料线膨胀系数的差别。

2.17.2 实验原理

大多数材料都会随温度的变化而发生长度或体积的变化,这种现象就是热膨胀。热膨胀系数是材料的一个重要的物理参数,是衡量材料热稳定性的一个重要指标。大部分材料都遵循热胀冷缩的规律。假设温度为 t_0℃时材料的原始长度为 L_0,如果温度升高到 t ℃时长度的增加量为 ΔL,则 ΔL 与原长 L_0 及温度的升高 Δt $=t-t_0$ 成正比,即

$$\Delta L = \alpha L_0 \Delta t \quad 或 \quad \Delta L/L_0 = \alpha \Delta t \tag{1}$$

式中,α 被定义为材料的线膨胀系数。

材料的线膨胀系数的物理意义是温度升高 1 ℃时,单位长度的材料所增加的长度,即材料的相对伸长。

严格意义上讲,材料的线膨胀系数随温度的变化而有所变化,并非定值。但对大多数固体材料而言,在不太大的温度范围内 α 值变化不大,可以近似看作一个常数。一般情况下,固体材料的 α 数量级为 $(10^{-6} \sim 10^{-5})/$℃,聚合物基复合材料的 α 数量级为 $10^{-6}/$℃。

当温度从 T_0 升高到 T 时,固体材料的体积也会随之从 V_0 变为 V_t,即

$$V_t = V_0(1 + \beta \Delta t) \tag{2}$$

式中,V_0——温度为 T_0 时固体材料的体积;

V_t——温度为 T 时固体材料的体积;

β——固体材料在 $T_0 \sim T$ 温度范围内的平均体膨胀系数,也即温度升高 1 ℃ 时固体材料体积的相对增大比例。

如果线膨胀性能是各向同性的,当固体为正方体且温度为 t_0 时边长为 L_0,则

$$V_t = L_t^3 = L_0^3(1 + \alpha \Delta t)^3 = V_0(1 + \alpha \Delta t)^3 \tag{3}$$

由于 α 很小,泰勒展开后略去高阶小量,得到

$$V_t = V_0(1 + 3\alpha \Delta t) \tag{4}$$

比较式(2)和式(4),体膨胀系数 β 近似等于线膨胀系数 α 的 3 倍。

对于各向异性材料,升高温度,材料在不同方向上的相对伸长彼此不同,固体的形状有了改变,各向异性固体中的一条任意直线就不一定能够保持为一直线。通常,各向异性材料的体膨胀系数可以近似认为等于主线膨胀系数之和。

对于复合材料而言,影响其线膨胀系数的因素更加复杂,除了受温度影响外,

树脂的种类及用量、纤维的种类及用量、树脂与纤维之间的界面结合、纤维的排列方向甚至加工工艺等,都会对复合材料的线膨胀系数产生影响。因此在测定线膨胀系数时,必须固定相关条件。

本实验是通过测定试样在温度变化区间 Δt 范围内其特征长度 L_0 和特征长度的变化量 ΔL,绘制膨胀-温度曲线,计算该曲线直线部分的平均线膨胀系数:

$$\alpha = \frac{\Delta L}{KL_0 \Delta t} + \alpha_{石英} \tag{5}$$

式中, L_0——试样室温时的特征长度;

　　　K——试样伸长测量装置的放大倍数;

　　　Δt——温度差;

　　　ΔL——相应于 Δt 的试样特征长度的变化量;

　　　$\alpha_{石英}$——对应于实验温度的石英平均线膨胀系数,取 $0.51 \times 10^{-6} /$ ℃。

2.17.3　实验试样及设备

(1) 实验试样:碳素钢、陶瓷、聚丙烯、玻璃钢;

(2) 实验设备:耐驰 DIL402 PC 型热膨胀仪(见图 29)。

图 29　耐驰 DIL402 PC 型热膨胀仪

2.17.4　实验步骤

(1) 实验样品的制备:圆柱体或截面为正方形的长方体。

① 圆柱体:直径约为 6 mm,长度约为 25 mm;

② 长方体:截面边长约为 6 mm,长度约为 50 mm。

试样两个端面要平整且与试样长轴相垂直。

(2) 精确测定样品长度(精确至 0.01 mm),然后水平移动炉腔,将松紧旋钮旋松,将样品平整放入支架内的两个套圈内,小心将炉腔水平移入原位,并确保与支架的相对位置无异常。

（3）等待几秒，当仪器与计算机完成自动连接时，测量窗口下面会显示"在线"，然后开始实验设定。先选择菜单上的"诊断"—"调整"，旋转松紧旋钮，观测屏幕将三角形调到零位置；然后点击"文件"—"打开"，选择"DIL402 基线文件"，打开"baseline-30-1400-8kmin. bsu"（代表升温范围为 30～1 400 ℃，升温速率为 8 K/min 的基线，此类参数可调）；再选择"样品＋修正"，填入样品编号、长度、名称，并在参数数据和温度校正前打"√"，再点击"继续"；选择"保存路径"，然后点击"初始化工作条件"，再点击"开始"，仪器将自动记录温度 T 及其相应的试样长度变化量，直至所需实验温度。

2.17.5　实验样品信息及数据

1）样品信息（见表 36）

表 36　样品信息

样品形状	编号	直径(mm)	截面边长(mm)	长度(mm)
圆柱体	1		—	
	2		—	
	3		—	
长方体	1	—		
	2	—		
	3	—		

2）实验数据（见表 37）

表 37　实验数据

样品编号	初始温度(℃)	终止温度(℃)	α(/℃)
1			
2			
3			

2.17.6　实验注意事项

（1）往支架内摆放样品时不能直接用手拿样品，应用镊子夹放样品，但不能让镊子针尖碰到传感器表面；

（2）实验结束后，必须等温度降至 100 ℃以下（最好室温时）方可打开炉腔，取出样品。

2.17.7　思考题

（1）为什么有的实验曲线会出现抖动？

（2）如何防止样品与支架粘接？

（3）测试前为什么需要进行校正？

2.18　塑料燃烧氧指数的测定实验

2.18.1　实验目的

（1）掌握氧指数测定仪的使用方法；

（2）掌握塑料燃烧氧指数测定结果的数据处理方法；

（3）了解塑料燃烧氧指数的大小与其阻燃性之间的关系。

2.18.2　实验原理

物质燃烧三要素之一是其必须要有助燃物质，如氧气、氯酸钾等氧化剂，且大多情况下助燃物质为氧气。不同物质燃烧时消耗的氧气量是不同的，根据物质在空气中燃烧时所需最低氧气量可以评价该物质的燃烧性能。

空气主要组分为氧气和氮气，采用氧气和氮气的混合气体对材料进行燃烧实验，可以评判该材料在空气中的燃烧性能。试样在氧气、氮气的混合气体中维持平稳燃烧（即进行有焰燃烧）所需的最低氧气浓度称之为氧指数，以混合气流中氧气的体积百分比来表示。氧指数值越高，说明该材料越不容易燃烧。

氧指数的测试方法，就是把一定尺寸的试样垂直固定在透明燃烧室中，使氧氮混合气流自下而上流动，然后点燃试样的顶端，同时记录燃烧时间，观察试样的燃烧长度，并与所规定的判据（比如模塑材料一般以燃烧时间超过 3 min 或火焰前沿超过 5 cm）进行比对。若超过判据值，则降低氧气相对浓度，继续试验；若此时未达到判据值，则适当提高氧气的相对浓度。如此反复操作，从上下两侧逐渐接近规定值，至两者的浓度差小于 1%。

该法适用于评定均质固体材料、层压材料、泡沫塑料、织物、软片和薄膜材料在规定实验条件下的燃烧性能，可作为鉴定聚合物难燃性的手段，也可作为实验室研究阻燃配方的工具，但不能用于评定材料在实际使用条件下着火的危险性。

2.18.3 实验试样及仪器

1) 实验试样

(1) 试样类型、尺寸和用途:对于不同的材料,所选的样品尺寸可略有不同,具体如表 38 所示。

表 38　燃烧样品尺寸

类型	型式	长(mm)		宽(mm)		厚(mm)		用途
		基本尺寸	极限偏差	基本尺寸	极限偏差	基本尺寸	极限偏差	
自撑材料	Ⅰ	80~150	—	10	±0.5	4	±0.25	用于模塑材料
	Ⅱ					10	±0.5	用于泡沫材料
	Ⅲ					<10.5	—	用于原厚的片材
	Ⅳ	70~150		6.5		3	±0.25	用于电器用模塑材料或片材
非自撑材料	Ⅴ	140	−5	52		≤10.5	—	用于软片或薄膜等

(2) 试样数量:每组试样至少 15 根。

(3) 外观要求:试样表面应清洁,无影响燃烧行为的气泡、裂纹、溶胀、毛边、毛刺等缺陷。

(4) 试样的标线:对Ⅰ,Ⅱ,Ⅲ型试样,标线画在距点燃端 50 mm 处;对Ⅳ,Ⅴ型试样,标线画在框架上或画在距点燃端 20 mm 和 10 mm 处。

本实验所选样品尺寸符合表 38 中Ⅰ号样的要求。

2) 实验仪器

(1) 氧指数测定仪:氧指数测定仪适用于在规定试验条件下,通过测定刚好维持燃烧所需的最低氧的体积百分比浓度(即氧指数)来评定均质固体材料、层压材料、泡沫材料、软片和薄膜材料等在氧、氮混合气流中的燃烧性能。

(2) 点火器:由一根金属管制成,尾端有内径为(2±1)mm 的喷嘴,通以未混有空气的丙烷或丁烷、石油液化气、煤气、天然气等可燃气体。使用时,将点火器点燃后插入燃烧室内点燃试样。

(3) 计时装置:秒表。

2.18.4　实验步骤

1）试验开始阶段氧浓度的确定

根据经验或试样在空气中点燃的情况,估计开始试验时所需的氧浓度。如在空气中即能迅速燃烧,则开始试验时的氧浓度可定为 18% 左右;若在空气中缓慢燃烧或不时熄灭,则氧浓度可定为 22% 左右;若样品在空气中一离开点火源即自行熄灭,则氧浓度可定为 25% 以上。

2）调整仪器和点燃试样

（1）安装试样

如图 30 所示,先将试样在夹具上夹好,然后垂直安装在燃烧室的中心位置上。安装试样时,其顶端至少低于燃烧室顶端 100 mm,其暴露部分最低处至少高于燃烧室底部配气装置顶端 100 mm。

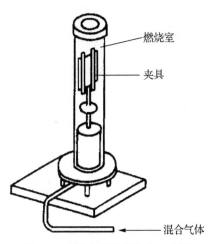

图 30　试样安装及燃烧室示意图

（2）调节气体控制装置

调节 O_2、N_2 的控制阀,使两种气体压力保持一致,然后调节气体流量计控制装置,根据实验所确定的氧浓度分别调节两种气体的流量。调好后形成混合气体,将此混合气体洗涤燃烧室至少 30 s,以排尽燃烧室里原有的空气。

（3）点燃试样

① 方法 A——顶端点燃法:使火焰的最低可见部分接触试样顶端并覆盖整个顶表面(勿使火焰碰到试样的棱边和倒表面),在确认试样顶端全部着火后立即移去点火器,开始计时或观察试样烧掉的长度。点燃试样时,火焰作用的时间最长为

30 s。若在30 s内不能点燃,则应增大氧浓度继续点燃,直至30 s内点燃为止。

② 方法B——扩散点燃法:充分降低和移动点火器,使火焰可见部分施于试样顶表面,同时施加于垂直侧表面约6 mm长。点燃试样时,火焰作用时间最长为30 s,并每隔5 s左右移开点火器观察试样,直至垂直侧表面稳定燃烧或可见燃烧部分的前锋到达上标线处,立即移去点火器,开始计时或观察试样燃烧长度。若在30 s内不能点燃试样,则增大氧浓度再次点燃,直至30 s内点燃为止。

3) 试样换装

当完成一个样品的燃烧实验后,关闭O_2、N_2的控制阀,然后揭开燃烧室顶端的盖子,待燃烧室自然冷却后取下燃烧室的石英外筒,并用抹布将其擦拭干净,同时清理燃烧室中散落的灰烬。完成后,夹好下一个试样,重复前述实验步骤。

2.18.5　实验相关处理

1) 燃烧行为的评价

塑料燃烧行为的评价准则如表39所示。

表39　塑料燃烧评价准则

试样型式	点燃方式	评价准则(两者取一)	
		燃烧时间(s)	燃烧长度
Ⅰ～Ⅳ	A法	180	燃烧前锋超过上标线
	B法		燃烧前锋超过下标线
Ⅴ	B法		燃烧前锋超过下标线

2) "○"与"×"反应的确定

点燃试样后立即开始计时,并观察试样燃烧长度及燃烧行为。若燃烧中止,但在1 s内又自发再燃,则继续观察和计时。

如果试样的燃烧时间或燃烧长度均不超过表39的规定,则这次实验记录为"○"反应,并记下燃烧长度或时间;如果二者之一超过表39的规定,扑灭火焰,记录这次试验为"×"反应。

还要记下材料燃烧特性,例如熔滴、烟灰、结炭、漂游性燃烧、灼烧、余辉及其他需要记录的特性;如果有无焰燃烧,应根据需要报告无焰燃烧情况或包括无焰燃烧时的氧指数。

3) 逐次选择氧浓度

采用"少量样品升-降法"这一特定的条件,以任意步长作为改变量,重复上述方法进行一组试样的试验。

(1) 如果前一条试样的燃烧行为是"×"反应,则降低氧浓度;

(2) 如果前一条试样的燃烧行为是"○"反应,则增大氧浓度。

4) 氧指数的确定

采用任一合适的步长重复上述实验,直到以体积百分数表示的二次氧浓度之差不大于 1.0%,并且一次是"○"反应、一次是"×"反应为止。将这组氧浓度中得"○"反应的氧浓度记作该塑料的氧指数。

2.18.6 实验注意事项

(1) 氧气、氮气的压力应保持一致。这是因为气体的体积和压力之间存在一定的关系,如果压力不一致,流量计所反映的流量比将不能代表两者之间真正的流量比。

(2) 接通氧气和氮气前应确保钢瓶已被牢牢固定,气体减压阀工作正常,管线路无老化、漏气现象。

2.18.7 思考题

(1) 如何根据氧指数的测定结果判断材料的阻燃性?

(2) 实验过程中为何要确保氧气和氮气的压力一致?

(3) 判断材料的阻燃性还有哪些方法? 氧指数法存在什么样的局限性?

2.19 材料介电常数的测试和分析实验

2.19.1 实验目的

(1) 了解介电常数的物理意义和测试原理;

(2) 掌握固体介质相对介电常数的测试方法;

(3) 掌握液体介质相对介电常数的测试方法。

2.19.2 实验原理

介电性能是电介质材料极其重要的性质。在实际应用中,电介质材料的介电常数是非常重要的参数,例如在绝缘技术中,选择绝缘材料或介质贮能材料时都需要考虑电介质的介电常数。通过测定介电常数可进一步了解影响介电常数的各种因素,从而为提高材料的性能提供依据。此外,由于介电常数取决于极化,而极化又取决于电介质的分子结构和分子运动的形式,所以通过研究介电常数随电场强度、频率和温度变化的规律,还可以推断绝缘材料的分子结构。

一个平板电容器的容量 C 与平板的面积 A 成正比,而与板间的距离 d 成反比,即

$$C = \varepsilon \frac{A}{d}$$

式中,ε——静态介电常数。

根据公式 $C = Q/V$ 可知,如果在电容器两极板间放入电介质,则这个电容器的电容就要增加。带有电介质的电容 C 与不带有电介质(真空)的电容 C_0 之比称为介质的相对介电常数,简称为介电常数。介电常数是表征电介质材料介电性能的最重要的基本参数,反映了电介质材料在电场作用下的极化程度。介电常数表示为 $\varepsilon_r = C/C_0$,该式又可以写成

$$C = \varepsilon_0 \varepsilon_r \frac{A}{d}$$

式中,ε_0——真空介电常数。

1) 固体介质相对介电常数的测定

如图 31 所示,(a)图中有一平行电容板放置于空气中,其上下电极的面积均为 S,电极间距离为 D,测得其电容量为 C_1;(b)图中电容器两极极板间放置一块面积也为 S,厚度为 t 的固体电介质,同时电极间距离为 D,测得其电容量为 C_2。分析可得

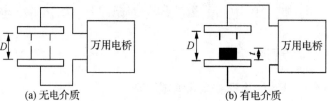

(a) 无电介质   (b) 有电介质

图 31 平行板电容器系统

$$\left. \begin{array}{l} C_1 = C_0 + C_{边缘} + C_{分布} \\ C_2 = C_串 + C_{边缘} + C_{分布} \end{array} \right\} \Rightarrow C_串 = C_2 - C_1 + C_0 \tag{1}$$

$$C_串 = \frac{\dfrac{\varepsilon_0 S}{D-t} \cdot \dfrac{\varepsilon_r \varepsilon_0 S}{t}}{\dfrac{\varepsilon_0 S}{D-t} + \dfrac{\varepsilon_r \varepsilon_0 S}{t}} = \frac{\varepsilon_r \varepsilon_0 S}{t + \varepsilon_r (D-t)} \tag{2}$$

由(1)和(2)两式可得

$$\varepsilon_r = \frac{(C_2 - C_1 + C_0)t}{\varepsilon_0 S - (C_2 - C_1 + C_0)(D - t)} \tag{3}$$

2) 液体介质相对介电常数的测定

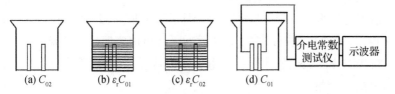

(a) C_{02}　　(b) $\varepsilon_r C_{01}$　　(c) $\varepsilon_r C_{02}$　　(d) C_{01}

图 32　液体介质测试装置

如图 32 所示,已知液体测试槽中装有空气电容器(两个槽中为不同容量的空气电容器)。其测试原理如下:

我们知道 RC 振荡器频率为

$$f = \frac{1}{2\pi RC} \quad \text{或} \quad C = \frac{1}{2\pi Rf} = \frac{k}{f} \left(\text{令}\ k = \frac{1}{2\pi R} \right)$$

$$\left. \begin{array}{l} C_{01} + C_{分布} = \dfrac{k}{f_{01}} \\[2mm] C_{02} + C_{分布} = \dfrac{k}{f_{02}} \end{array} \right\} \Rightarrow C_{02} - C_{01} = \frac{k}{f_{02}} - \frac{k}{f_{01}}$$

当介质为液体时有

$$\varepsilon_r (C_{02} - C_{01}) = \frac{k}{f_2} - \frac{k}{f_1}$$

则

$$\varepsilon_r = \frac{\dfrac{1}{f_2} - \dfrac{1}{f_1}}{\dfrac{1}{f_{02}} - \dfrac{1}{f_{01}}} \tag{4}$$

2.19.3　实验试样及设备

(1) 实验试样:待测固体介质、待测液体介质。

(2) 实验设备:介电常数测量仪,1 台(套);(交流)万用电桥,1 台;示波器,1 台;500 mL 烧杯,3 个;螺旋测微仪,1 台。

2.19.4 实验步骤

1）用电桥法测定固体介质的相对介电常数

（1）打开万用电桥，按图 31 所示将万用电桥与介电常数测量仪接好，并在测试之前进行清零（包括开路和短路清零）；

（2）清零之后将平行板电容器调至一定高度（即图 31 中所示 D，且 D 应大于固体介质厚度 t），测出此时以空气为介质时平行板电容器的电容量 C_1；

（3）将待测样品完全放入平行板电容器内，保持其高度不变，测出有介质时平行板电容器的电容量 C_2；

（4）测出待测样品的厚度 t、上表面面积 S、平行板电容器的极间距离 D，由公式（3）算出电介质的相对介电常数。

2）用频率法测定液体介质的相对介电常数

（1）按图 32(d) 所示将介电常数测量仪与示波器接好，再将两个不同宽度的电容器分别放入烧杯中（见(a)和(d)），调整示波器直到得出比较稳定的波形，记录下此时的振荡频率 f_{01}，f_{02}；

（2）将液体介质倒入烧杯中并浸没电容器（见(b)和(c)），方法同(1)一样，分别测出两只不同容量电容器接入时所对应的振荡频率 f_1，f_2；

（3）用公式（4）计算液体介质的相对介电常数。

2.19.5 实验数据记录与处理

本实验相关数据记录与处理如表 40 和表 41 所示。

表 40　固体相对介电常数试验数据

实验号	D	t	S	C_0	C_1	C_2	ε_r
固体介质 1							
固体介质 2							
固体介质 3							

表 41　液体相对介电常数试验数据

实验号	f_{01}	f_{02}	f_1	f_2	ε_r
液体介质 1					
液体介质 2					

2.19.6　实验注意事项

（1）用电桥法测定固体介电常数时需要选择合适的频率，每改变一次频率范围时都要重新进行一次清零校正；

（2）用电桥法测定固体介电常数时，手尽量不要在样品周围晃动，以免有感应而影响测量结果；

（3）本实验所提供的塑料电容器可用于电容器油和变压器油两种介质的分组实验；

（4）每测完一组液体介电常数后都要把塑料电容器擦拭干净，以免影响对下一组液体介电常数的测量。

2.19.7　思考题

（1）测试环境对材料的介电常数有何影响？为什么？

（2）试样厚度对介电常数的测量有何影响？为什么？

（3）电场频率对介电常数的测量有何影响？为什么？

（4）在测量固体、液体电介质的相对介电常数的过程中，能否移动或接触测量导线？为什么？

2.20　激光粒度分析实验

2.20.1　实验目的

（1）了解激光光散射法测量材料粒度的实验原理；
（2）掌握激光光散射法测量材料粒度的方法。

2.20.2　实验原理

粉体的粒度是颗粒在空间范围所占大小的线性尺度，粒度越小，则粒度的微细程度越大。颗粒群是指含有许多颗粒的粉体或分散体系中的分散相。若颗粒进度都相等或近似相等，称为单进度或单分散的体系或颗粒群；而实际颗粒所含颗粒的粒度大都有一个分散范围，常称为多进度的、多谱的或多分散的体系或颗粒群。粒度分布是表征多分散体系中颗粒大小不均一程度的，粒度分布范围越窄，其分布的分散程度就越小，集中度也就越高。

粒度分布又分为频率分布和累积分布，其中累积分布的横坐标表示各粒级的粒度,纵坐标表示在某 D_f 以下的颗粒所占总颗粒的比数或质量百分数。通过粒度分布曲线分析所显示的粒度大小和粒度大小分布,可了解材料的研磨情况,推断出材料粒度不同其性能不同,同时还可以反映出材料性能不同与材料颗粒粒径的大小有关系。

当光线通过不均匀介质时会发生偏离其直线传播方向的散射现象,这是由吸收、反射、折射、透射和衍射共同作用的结果。散射光形式中包含散射体大小、形状、结构以及成分、组成和浓度等信息,因此,利用光散射技术可以测量颗粒群的浓度分布与折射率大小,还可以测量颗粒群的尺寸分布。

激光粒度仪是根据颗粒能使激光产生散射这一物理现象测试粒度分布的。根据光学衍射和散射的原理,从激光器发出的激光束经显微物镜聚集、针孔滤波和准直后,变成直径约 10 mm 的平行光束,该光束照射到待测的颗粒上就发生了散射,而散射光经傅立叶透镜后照射到光电探测器上的任一点都对应于某一确定的散射角 θ;光电探测器阵列由一系列同心环带组成,每个环带又是一个独立的探测器,能将投射到上面的散射光线性地转换成电压,然后送给数据采集卡;数据采集卡将电信号放大,再进行 AID 转化后将其送入计算机(见图 33)。

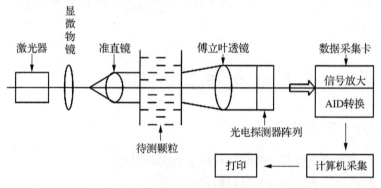

图 33 激光粒度仪工作原理

激光粒度分析是在假定所测定颗粒为球体的前提下进行的。研究表明:散射光的角度和颗粒直径成反比(颗粒越大,产生的散射光的 θ 角就越小;颗粒越小,产生的散射光的 θ 角就越大),而且散射光强度随角度的增加呈对数衰减。这些散射光经傅立叶透镜后成像在排列有多环光电探测器的焦平面上。多环光电探测器上的中央探测器用来测定样品的体积浓度,外围探测器用来接收散射光的能量并转换成电信号,而散射光的能量分布与颗粒粒度分布直接相关,即散射光的强度表示该粒径颗粒的数量。因此,通过接收和测量散射光的能量分布就可以反演得出颗粒的粒度分布特征。

衍射光强度与颗粒粒径有如下关系：

$$I(\theta) = \frac{1}{\theta} \int_0^\infty R^2 n(R) J_1(\theta R K) \mathrm{d}R$$

式中，θ 是散射角度，R 是颗粒半径，$I(\theta)$ 是以 θ 角散射的光强度，$n(R)$ 是颗粒的粒径分布函数，$K = 2\pi/\lambda$（λ 为激光的波长），J_1 为第一型的贝叶斯函数。通过该公式，根据所测得的 $I(\theta)$ 即可反求颗粒粒径分布 $n(R)$。

2.20.3　实验试剂及仪器

（1）实验试剂：纳米二氧化钛、蒸馏水、分散剂、表面活性剂等；

（2）实验仪器：Zetasizer Nano ZS 激光粒度分析仪、超声波发生器。

2.20.4　实验步骤

（1）样品准备：选择合适的溶剂，将待测样品混合均匀（可配合使用超声分散）；观察样品是否有溶解、结块或漂浮等现象，必要时可进行过滤，如果有气泡存在还需进行脱气（这是因为气泡作为颗粒计算会使结果产生偏差而导致数据无法解释）。分散剂可以是任何透明的、光学性质均衡、不与样品发生反应的液体，常用的分散剂有水（1.33）、乙醇（1.36）、丙基醇（1.39）、丁酮（1.38）、正己烷（1.38）、丙醇（1.36）（括号内为折光率）。

（2）开机：将仪器插上电源，再打开电脑，双击桌面上的应用程序进入主界面。

（3）加入样品：将样品加入样品室并放入分散槽内。

（4）设定操作参数：设定分散剂的粘度和折光指数、温度、平衡时间、测量次数，然后开始测量。

（5）导出粒度分布图，然后打印被测样品的粒度分布图及数据分析结果。

（6）测量结束后，先关软件，后关仪器。

2.20.5　实验注意事项

（1）仪器开机后需要预热 15～30 min。开机时先开仪器，再开软件；关机时先关软件，再关仪器。

（2）样品一定要充分分散，必要时需要进行过滤和脱气。

（3）将样品放入样品室时，请勿将样品填入过量，以免污染仪器；测量时样品室带有"△"面的应面向测试者，且每次测试完需将样品室清洗干净。

（4）一般情况下，仪器的样品遮光度以 10%～15% 为宜。

2.20.6　思考题

(1) 样品浓度对测定结果有何影响?

(2) 分散介质和分散时间对测定结果有何影响?

(3) 测试温度和测试时间对测定结果有何影响? 为什么?

2.21　材料表面接触角的测量实验

2.21.1　实验目的

(1) 了解材料表面接触角的测量原理;

(2) 掌握材料表面接触角及材料表面张力的测定方法;

(3) 学会利用接触角进行不同材料的表面性质分析。

2.21.2　实验原理

绝大多数情况下,我们只与材料的表面发生接触。所谓表面,是指基体最外层不超过 100 nm 厚度的那部分物质。这部分物质直接影响到材料的许多性质与性能,比如手感、染色性、抗静电性、生物相容性、粘接性、亲水亲油性等等。研究材料表面性质的方法很多,比如 XPS、TOF-SIMS、SEM、BET、AFM 等,而接触角测定是一种对材料表面性质进行研究最简单但非常有效的方法。

润湿是自然界和生产过程中一种常见的现象。通常将固-气界面被固-液界面所取代的过程称为润湿,其有三种类型,即沾湿、浸湿与铺展;如果液体不粘附而保持椭球状,则称为不润湿(如图 34 所示)。

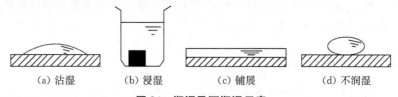

　(a) 沾湿　　　(b) 浸湿　　　(c) 铺展　　　(d) 不润湿

图 34　润湿及不润湿示意

当液体与固体接触后,体系的自由能降低。因此,液体在固体上润湿程度的大小可用这一过程自由能降低的多少来衡量。

沾湿是改变液-气界面、固-气界面为固-液界面的过程,其发生的条件是

$$\Delta G_A = \gamma_{SL} - \gamma_{SG} - \gamma_{LG} \leqslant 0 \tag{1}$$

或

$$W_A = \gamma_{SG} - \gamma_{SL} + \gamma_{LG} \geqslant 0 \qquad (2)$$

式中，γ_{SG}，γ_{SL} 和 γ_{LG} 分别为气-固、液-固和气-液的界面张力。

　　浸湿是指固体浸入液体的过程，其发生的条件是

$$\Delta G_i = \gamma_{SL} - \gamma_{SG} \leqslant 0 \qquad (3)$$

或

$$W_i = \gamma_{SG} - \gamma_{SL} \geqslant 0 \qquad (4)$$

式中，W_i 为浸湿功。

　　铺展是在固-液界面代替固-气界面的同时，液体表面也扩展，其发生的条件是

$$\Delta G_S = \gamma_{SL} + \gamma_{LG} - \gamma_{SG} \leqslant 0 \qquad (5)$$

或

$$W_S = \gamma_{SG} - \gamma_{SL} - \gamma_{LG} \geqslant 0 \qquad (6)$$

式中，W_S 为铺展功。

　　在恒温恒压下，当一液滴放置在固体平面上时，液滴能自动地在固体表面铺展开来，或以与固体表面成一定接触角的形式存在（如图 35 所示）。达到平衡时，在气、液、固三相交界处，气-液界面和固-液界面之间的夹角称为接触角（Contact Angle），用 θ 表示，其值介于 $0°\sim180°$ 之间。它实际是液体表面张力和液-固界面张力间的夹角。接触角的大小由气、液、固三相交界处三种界面张力的相对大小所决定。当液滴在固体平面上处于平衡位置时，这些界面张力在水平方向上的分力之和应等于零，由此可得出著名的 Young 方程，即

$$\gamma_{SG} - \gamma_{SL} = \gamma_{LG} \cdot \cos\theta \qquad (7)$$

根据此方程，只要测定了液体的表面张力和接触角，便可以计算出粘附功、铺展系数，进而可以据此来判断各种润湿现象。

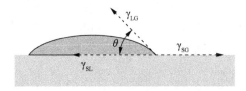

图 35　接触角

接触角的大小可作为判别润湿情况的依据。当 $\theta > 90°$ 时,称为不润湿;当 $\theta < 90°$ 时,称为润湿,且当 $\theta = 0°$ 时,液体在固体表面上铺展,固体被完全润湿。也就是说,θ 越小,则润湿性能越好。

接触角的测定方法很多,根据直接测定的物理量可分为四大类,即角度测量法、长度测量法、力测量法和透射测量法。其中,液滴角度测量法是最常用的,也是最直截了当的一类方法。它是在平整的固体表面滴上一滴小液滴,然后直接测量接触角的大小。为此,可用低倍显微镜中装有的量角器测量,也可将液滴图像投影到屏幕上或拍摄图像再用量角器测量,但这类方法都无法避免人为作切线的误差。

2.21.3　实验试剂及仪器

(1) 实验试剂:蒸馏水、无水乙醇、十二烷基苯磺酸钠(或十二烷基硫酸钠),其中十二烷基苯磺酸钠水溶液的质量分数分别为 0.01%,0.02%,0.03%,0.04%,0.05%,0.1%,0.15%,0.2%,0.25%。

(2) 实验仪器:Kruss DSA100 光学接触角测量仪、微量注射器、容量瓶、镊子、玻璃载片、涤纶薄片、聚乙烯片、不锈钢片。

2.21.4　实验步骤

1) 接触角的测定

(1) 将仪器插上电源,打开控制电脑,双击桌面上的快捷图标"DSA"(Drop Shape Analysis)打开控制软件,然后点击界面右上角的"活动图像"按钮,这时可以看到摄像头拍摄的载物台上的图像。

(2) 在"Device Control Panel"中选择"Dosing",再在该窗口中选择滴定模式为"体积"。测接触角的样品量一般不超过 8 μL,本实验选择"Volume"→"3 μL",同时设置滴定速度。

(3) 点击右手箭头键开始滴定(此时液体悬在注射器内),同时用样品台去接液体,使液滴完整地留在固体平面上。

(4) 计算接触角。先按"Baseline Determination"(基线检测)图标,必要时可手动调基线,使基线与液滴边缘相切,然后按"Contact Angle"进行计算。

(5) 测量结束后,先关软件,后关仪器。

2) 表面张力的测定

(1) 在"Dosing"窗口中点击"Dosing Forward"滴出液滴并悬于针尖处,此时液滴大小为液滴滴下总体积的 80%。

（2）单击右键,选择"Pendent Drop",设置测试方法为"悬滴",并在"Drop Info"中输入针头直径和液体密度。

（3）设置基准线、像素线、轮廓线后,按"MAG"和"Fit"图标进行测量。

2.21.5　实验数据记录与处理

1）蒸馏水在不同固体表面的接触角(见表 42)

表 42　蒸馏水在不同固体表面的接触角

固体表面	接触角 θ(°)		
	左	右	平均
玻璃载片			
涤纶薄片			
聚乙烯片			
不锈钢片			

2）其他液体在不同固体表面的接触角

同上,记录无水乙醇及不同质量分数的十二烷基苯磺酸钠在不同固体表面的接触角。

2.21.6　实验注意事项

（1）接触角小于 40°时,最好用 Circle Fitting 法测量。

（2）测量过程中,不得让手指触碰样品表面。

（3）液体张力小于 30 mN/m 时,要换细针测量。

（4）接触角测量过程中可以按红色●按钮进行录像。录像结束后将出现"另存为"界面,输入文件名后回车保存,后期可回放图像进行测量。

2.21.7　思考题

（1）什么叫接触角? 测量接触角有何实际应用价值?

（2）本实验过程中引起误差的因素有哪些? 如何克服或减小误差?

（3）如何根据接触角的大小判断液体对材料的润湿性?

第3章 材料的结构分析及表征

3.1 溶胀平衡法测定交联聚合物的交联度实验

3.1.1 实验目的

(1) 理解聚合物溶度参数和交联度的物理意义；
(2) 了解溶胀平衡法测定交联橡胶溶度参数及交联度的基本原理；
(3) 掌握质量法测定交联橡胶溶胀度的方法；
(4) 学会利用平衡溶胀度估算交联橡胶的交联度。

3.1.2 实验原理

溶胀是高分子聚合物在溶剂中体积发生膨胀的现象。当把聚合物溶于溶剂中时，一方面，聚合物蜷曲的分子链结构提供了溶剂分子扩散进去的空间；另一方面，由于溶剂分子较小，扩散速度较快，在聚合物扩散至溶剂中引发溶解之前，溶剂分子已扩散到聚合物分子间，从而引起聚合物的溶胀。对于线形聚合物，当将其溶于良好的溶剂中时，它能无限制地吸收溶剂，直到溶解成均相溶液为止。但对于交联聚合物，由于交联点的牵制作用，聚合物溶胀到一定程度即不再继续胀大，达到了溶胀平衡。我们把交联高聚物在溶胀平衡时的体积与溶胀前的体积之比称之为溶胀度 Q。

交联高聚物在溶剂中的溶胀度与温度、压力、高聚物的交联度及溶质、溶剂的性质有关。交联高聚物的交联度通常用相邻两个交联点之间的链的平均相对分子质量 $\overline{M}_C$（即有效网链的平均相对分子质量）来表示。

聚合物溶胀过程中自由能的变化由两部分组成，一部分是聚合物与溶剂的混合自由能 ΔG_m，另一部分是分子网的弹性收缩自由能 ΔG_{el}。达到平衡时，总的自由能为 0，即

$$\Delta G = \Delta G_m + \Delta G_{el} = 0$$

溶胀体内部溶剂的化学势与溶胀体外纯溶剂的化学势相等，则

$$\Delta \mu_1 = \Delta \mu_{1,m} + \Delta \mu_{1,el} = 0 \tag{1}$$

根据 Flory-Huggins 晶格模型理论知

$$\Delta G_m = RT(n_1 \ln\varphi_1 + n_2 \ln\varphi_2 + \chi_1 n_1 \varphi_2) \tag{2}$$

则

$$\Delta\mu_{1,m} = \left[\frac{\partial(\Delta G_m)}{\partial n_1}\right]_{T,P,n_2} = RT\left[\ln\varphi_1 + \left(1 - \frac{1}{x}\right)\varphi_2 + \chi_1\varphi_2^2\right] \tag{3}$$

当 $x \to \infty$ 时,式(3)可写成

$$\Delta\mu_{1,m} = = RT(\ln\varphi_1 + \varphi_2 + \chi_1\varphi_2^2) \tag{4}$$

由高弹统计理论知

$$\Delta F_{el} = \frac{1}{2}NkT(\lambda_1^2 + \lambda_2^2 + \lambda_3^2 - 3) \tag{5}$$

式中,N——交联网络的网联总数;

$\lambda_1, \lambda_2, \lambda_3$——溶胀后与溶胀前各边长度之比。

考虑理想交联网络等温等压拉伸过程内能不变、体积不变,则

$$\Delta G_{el} = \Delta F_{el} = \frac{1}{2}NkT(\lambda_1^2 + \lambda_2^2 + \lambda_3^2 - 3) \tag{6}$$

进一步考虑交联网络溶胀是各向同性的,且溶胀前为单位立方体,溶胀后各边边长为 λ,则溶胀后凝胶的体积为

$$\lambda^3 = 1 + n_1 V_{m,1} = \frac{1}{1/\lambda^3} = \frac{1}{\varphi_2} \tag{7}$$

可得

$$\lambda = \sqrt[3]{\frac{1}{\varphi_2}} \tag{8}$$

式中,n_1——溶剂物质的量(mol);

$V_{m,1}$——溶剂摩尔体积(L/mol);

φ_2——试样在凝胶中所占的体积分数.

式(6)可改写为

$$\Delta G_{el} = \frac{1}{2}N_1kT(\lambda_1^2 + \lambda_2^2 + \lambda_3^2 - 3) = \frac{1}{2}\frac{\rho RT}{M_C}(\lambda_1^2 + \lambda_2^2 + \lambda_3^2 - 3)$$

$$= \frac{3}{2}\frac{\rho RT}{M_C}(\lambda^2 - 1) \tag{9}$$

式中,N_1——单位体积的网链数(个/m³);

ρ——聚合物的密度(kg/m³);

$\overline{M}_C$——网链的平均相对分子质量。

则

$$\Delta \mu_{1,\text{el}} = \frac{\partial \Delta G_{\text{el}}}{\partial n_1} = \frac{\partial \Delta G_{\text{el}}}{\partial \lambda}\frac{\partial \lambda}{\partial n_1} = \frac{\rho RTV_{\text{m},1}}{\overline{M}_C}\sqrt[3]{\varphi_2} \tag{10}$$

将式(4)及式(10)代入溶胀平衡方程(1)中,得

$$\ln\varphi_1 + \varphi_2 + \chi_1\varphi_2^2 + \frac{\rho V_{\text{m},1}}{\overline{M}_C}\sqrt[3]{\varphi_2} = 0 \tag{11}$$

又设试样溶胀前后体积比(即溶胀度)为 Q,有

$$Q = \frac{1}{\varphi_2}$$

溶胀平衡时 Q 达到一极值。当交联聚合物交联度不高,即 $\overline{M}_C$ 较大时,在良溶剂体系中 Q 值可以超过 10,此时 φ_2 很小,因此可将 $\ln\varphi_1 = \ln(1-\varphi_2)$ 展开,略去高次项,再代入式(11)得

$$\frac{\overline{M}_C}{\rho V_{\text{m},1}}\left(\frac{1}{2} - \chi_1\right) = Q^{\frac{5}{3}} \tag{12}$$

因此,如果 χ_1 值已知,则由交联高聚物的平衡溶胀度 Q 求得交联点之间的平均相对分子质量 $\overline{M}_C$;反之,如果 $\overline{M}_C$ 已知,则可从平衡溶胀度 Q 求得参数 χ_1。

Q 值可根据交联高聚物溶胀前后的体积或质量求得,即

$$Q = \frac{V_1 + V_2}{V_2} = \frac{\dfrac{W_1}{\rho_1} + \dfrac{W_2}{\rho_2}}{\dfrac{W_2}{\rho_2}} \tag{13}$$

式中,V_1,V_2——溶胀体中溶剂和聚合物的体积;

W_1,W_2——溶胀体中溶剂和聚合物的质量;

ρ_1,ρ_2——溶胀体中溶剂和聚合物的密度。

3.1.3　实验试剂及仪器

(1) 实验试剂:不同交联度的天然橡胶各 10 g,苯 500 mL;

(2) 实验仪器:分析天平、称量瓶、镊子、溶胀管、恒温槽。

3.1.4　实验步骤

（1）取 5 只洁净的空称量瓶,用分析天平分别称重,然后往每只称量瓶中各放入一块天然橡胶试样,再称重,并根据试样放入前后质量的变化求出各称量瓶中试样的质量(即干胶重)。

（2）取 5 只溶胀管,将上述称量过的试样分别放入其中,然后往每只溶胀管中加入 15～20 mL 溶剂,盖紧管塞后放入(25±0.1)℃的恒温槽内,让其恒温溶胀10 天。

（3）10 天后,溶胀基本上达到平衡。取出溶胀体,迅速用滤纸将其表面多余的溶剂吸干,然后立即放入称量瓶内,盖上磨口盖后称量,再扣除空称量瓶(含磨口盖)的质量,得到溶胀体的质量,然后将溶胀体放回原溶胀管内使之继续溶胀。

（4）每隔 3 小时,用同样的方法称量溶胀体的质量,直至溶胀体前后两次称量结果之差不超过 0.01 g 时为止,即可认为已达溶胀平衡。

3.1.5　实验数据记录及处理

1）数据记录

本实验相关数据记录如表 1 和表 2 所示。

表 1　实验数据

试样编号	称量瓶质量(g)	称量瓶+试样质量(g)	试样质量(g)	称量瓶+溶胀体质量(g)	溶胀体质量(g)	溶胀体中溶剂质量(g)
1						
2						
3						
4						
5						

表 2　交联度数据

试样编号	天然橡胶质量(g)	天然橡胶的密度(g/cm³)	溶剂的质量(g)	溶剂的密度(g/cm³)	交联度
1					
2					
3					
4					
5					

2）数据处理

从有关手册上查出天然橡胶与苯之间的相互作用参数 χ_1，再根据式（12）计算出天然橡胶的交联度 $\overline{M}_C$。

3.1.6 实验注意事项

在交联聚合物的网格中若存在未交联物质，当这些物质可以溶解时将改变溶液的浓度而产生误差，所以应对样品溶液中是否有可溶性聚合物进行试验。

3.1.7 思考题

（1）什么叫溶胀？什么叫溶解？线形聚合物、网状结构聚合物以及体形结构聚合物在适当的溶剂中，它们的溶胀情况有何不同？

（2）溶胀平衡法测定交联聚合物的交联度有何优点和局限性？

（3）相互作用参数 χ_1 的物理意义是什么？

3.2 密度法测定聚合物结晶度实验

3.2.1 实验目的

（1）掌握密度法测结晶聚合物结晶度的原理；
（2）掌握比重计测定聚合物密度及由密度计算结晶度的方法。

3.2.2 实验原理

聚合物密度是聚合物物理性质的一个重要指标，是判断聚合物产物、指导成型加工和探索聚集态结构与性能之间关系的一个重要数据。测定聚合物结晶度的方法有差示扫描量热法、广角 X 衍射法、红外光谱法、反气相色谱法及密度法等。其中，密度法测定聚合物结晶度的原理是聚合物的密度随其结构中的状态不同而不同，对于结晶性聚合物，结晶度越高，分子堆积越紧密，其内部结构的有序程度就越高，聚合物密度就越大，因而结晶聚合物的结晶度和其密度之间存在着一定的关系。

结晶聚合物由晶区和非晶区两部分组成，如果晶区密度与非晶区密度分别用 ρ_c 和 ρ_a 表示，则体积结晶度为

$$f_c^V = \frac{\rho - \rho_a}{\rho_c - \rho_a} \tag{1}$$

质量结晶度为

$$f_c^W = \frac{\upsilon_a - \upsilon}{\upsilon_a - \upsilon_c} = \frac{\dfrac{1}{\rho_a} - \dfrac{1}{\rho}}{\dfrac{1}{\rho_a} - \dfrac{1}{\rho_c}} \tag{2}$$

式中,ρ 为聚合物密度,υ 为比容。

　　由式(1)和式(2)可知,若已知完全结晶聚合物试样的密度 ρ_c 和完全非结晶聚合物试样的密度 ρ_a,则只要测定聚合物试样的密度 ρ 即可求得其结晶度。

　　本实验采用悬浮法测定聚合物试样的密度。即在恒温条件下,在加有聚合物试样的试管中调节能完全互溶的两种液体的比例,待聚合物试样不沉也不浮(悬浮在液体中部)时,根据阿基米德定律可知,此时混合液体的密度与聚合物试样密度相等,用比重瓶测定该混合液体密度,即可得聚合物试样的密度。

3.2.3　实验试剂及仪器

　　(1) 实验试剂:高压聚乙烯、低压聚乙烯、蒸馏水、95％乙醇。

　　(2) 实验仪器:恒温水槽,1 套;25 mL 密度瓶,1 只;玻璃搅拌棒,1 根;滴管,2 根;50 mL 试管,1 根。

3.2.4　实验步骤

　　(1) 将恒温水槽调至(20±0.1)℃。

　　(2) 按照图 1 搭好实验装置。试管中事先添加约 15 mL 95％乙醇,然后将一粒聚合物样品加入其中,用滴管往试管中加入蒸馏水,同时上下移动搅拌器,使液体混合均匀。开始时加水速率可快一些,当被搅拌起的样品下降速率变缓慢时,慢慢逐滴滴加蒸馏水(若滴加过量,可用另一根滴管回滴乙醇),直至样品不沉也不浮(悬浮在混合液体中部)。保持数分钟,此时混合液体的密度即为该聚合物样品的密度。

　　(3) 混合液体密度的测定:先将密度瓶(见图 2)洗干净、烘干并冷却后,连同温度计、侧孔罩等附件一起称量其质量;用新煮沸并冷却至约 20 ℃ 的蒸馏水充满密度瓶,再将密度瓶置于恒温水浴中(侧管中的液面与侧管管口对齐),约 20 min 后取出密度瓶称量,将称量结果减去密度瓶自身质量便得到水的质量 m_1;将密度瓶中水样倾出并将其干燥,用混合液体样代替水重复上述步骤,测出同体积下 20 ℃ 混合液的质量 m_2。由此可得混合液体的密度 ρ 为

$$\rho = \frac{m_2}{m_1} \times 0.998\ 2 \tag{3}$$

式中,0.998 2 为 20 ℃时水的密度值。

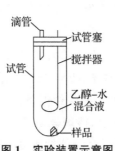

图 1　实验装置示意图

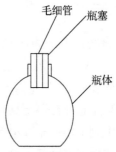

图 2　密度瓶示意图

3.2.5　实验数据记录与处理

1) 数据记录(见表3)

表 3　数据记录表

试样	编号	密度瓶质量(g)	密度瓶+水质量(g)	水的质量 m_1(g)	密度瓶+混合液质量(g)	混合液质量 m_2(g)
高压聚乙烯	1					
	2					
	3					
低压聚乙烯	1					
	2					
	3					

2) 数据处理

(1) 按式(3)计算两个样品的密度;

(2) 从相关手册上查出聚乙烯完全结晶体的密度和完全非晶体的密度,再根据式(1)和式(2)分别计算两样品的体积结晶度和质量结晶度。

3.2.6　实验注意事项

(1) 实验时两种液体应充分搅拌均匀;

(2) 密度瓶中的液体要加满,不能有气泡。

3.2.7 思考题

(1) 密度法测定聚合物结晶度的原理是什么?

(2) 组成混合液体的各组分应满足什么条件?

(3) 测定聚合物结晶度的方法有哪些? 不同方法测得的结晶度有无可比性?

(4) 用密度法测定聚合物结晶度有何优点?

3.3 偏光显微镜法观察聚丙烯的结晶形态实验

3.3.1 实验目的

(1) 熟悉偏光显微镜的构造及原理,掌握偏光显微镜的使用方法;

(2) 学习用熔融法制备聚合物球晶,观察聚合物的结晶形态,估算聚丙烯球晶的大小。

3.3.2 实验原理

1) 聚合物的结晶形态

晶体和无定形体是聚合物聚集态的两种基本形式,而且很多聚合物都能结晶。结晶聚合物材料的实际使用性能(如光学透明性、冲击强度等)与材料内部的结晶形态、晶粒大小及完善程度有着密切的联系,因此,对于聚合物结晶形态等的研究具有重要的理论和实际意义。聚合物在不同条件下可形成不同的结晶,比如单晶、球晶、纤维晶等等。聚合物从熔融状态冷却时主要生成球晶,这也是聚合物结晶时最常见的一种形式,对制品性能有很大影响。

球晶是以晶核为中心成放射状增长构成球形而得名,是一个"三维结构"(在极薄的试片中也可以近似看成是圆盘形的"二维结构")。球晶是多面体,由分子链构成晶胞,晶胞的堆积构成晶片,晶片叠合构成微纤束,微纤束沿半径方向增长则构成球晶。球晶的晶片间存在着结晶缺陷,微纤束之间存在着无定形夹杂物,而大小取决于聚合物的分子结构及结晶条件,因此随着聚合物种类和结晶条件的不同,球晶尺寸差别很大,直径可以从微米级到毫米级,甚至可以大到厘米级。球晶分散在无定形聚合物中,一般说来无定形是连续相,球晶的周边可以相交,成为不规则的多边形状。球晶具有光学各向异性,对光线有折射作用,因此能够用偏光显微镜进行观察。聚合物球晶在偏光显微镜的正交偏振片之间呈现出特有的黑十字消光图像；有些聚合物生成球晶时，其晶片沿半径增长时可以进行螺旋式扭曲，因此还能在偏光显微镜下看到同心圆消光图像。

2) 偏光显微镜

偏光显微镜是利用光的偏振特性观察晶体、矿物结晶形貌的一种仪器，其成像原理类似于生物显微镜，但与后者不同的是，偏光显微镜在光路中增加了一个起偏器和一个检片器，自然光经过起偏器后将变成偏振光。偏光显微镜的最佳分辨率为 200 nm，有效放大倍数可超过 1 000 倍。

一般偏光显微镜的结构如图 3 所示。

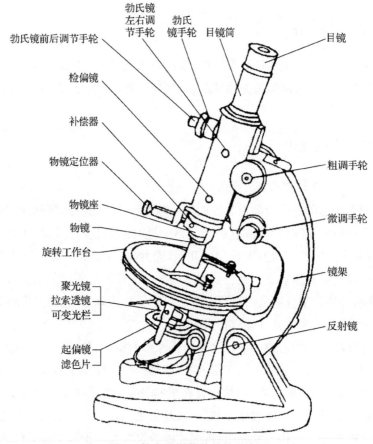

图 3　偏光显微镜的结构示意图

3) 利用偏光显微镜观察聚合物的结晶形态

光是电磁波，也就是横波，它的传播方向与振动方向垂直。对于自然光来说，它的振动方向均匀分布，没有任何方向占优势。但是当自然光通过反射、折射、双折射或选择吸收等作用后,可以转变为只在一个固定方向上振动的光波,即平面偏振光。由起偏物质产生的偏振光的振动方向叫偏振轴,偏振轴并不是一条直线,而是代表某一个方向。一束自然光经过两个偏振片,当其经过第一个偏振片后,便变成了沿着第一个偏振片方向的偏振光,如果第二个偏振片的偏振轴与第一个平行,则光线可继续传播,若相互垂直,两者处于正交状态,光线就无法通过了。光波在各向异性介质中传播时,其传播速度随振动方向不同而变化,折射率值也随之改变,一般都是发生双折射,分解成振动方向相互垂直、传播速度不同、折射率不同的两束偏振光。而这两束偏振光通过第二个偏振片时,只有与其偏振轴方向平行的光线可以通过,并且通过的两束光由于光程差将会发生干涉现象。

在正交偏光显微镜下观察发现,非晶体聚合物为各向同性介质,光在其中传播时没有发生双折射现象,入射光的振动特点和振动方向均不改变,光线被两正交的偏振片阻碍,视场是暗的;而当光在晶态聚合物中传播时,其传播速度及折射率值均随振动方向而发生改变,除特殊的光轴方向外都发生双折射,分解为振动方向互相垂直、传播速度和折射率均不同的两束偏振光。

对于球晶而言,由于分子链的取向排列,因而其在光学上呈现各向异性,折射率在不同方向上彼此不同,呈现出特有的黑十字消光现象,称为 Maltase 消光(如图 4 所示)。黑十字的两臂分别平行于起偏镜(第一个偏振片)和检偏镜(第二个偏振片)的偏振轴的方向,而除了偏振片的振动方向外,其余部分出现了因折射而产生的光亮,转动工作台时上述消光现象并不会改变。在某些情况下,晶片会进行周期性扭转(从一个中心向四周扭转),此时通过偏光显微镜可观察到一系列消光同心圆(如聚戊二酸丙二醇酯的球晶中的晶片是螺旋形的)。

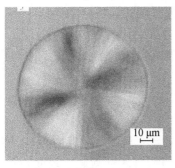

(a) 照片一

(b) 照片二

图 4　等规聚丙烯的球晶照片

在偏振光条件下,还可以观察晶体的形态,测定晶粒大小和研究晶体的多色性等等。

3.3.3 实验原料与仪器

（1）实验原料：聚丙烯粒料。

（2）实验仪器：偏光显微镜，1台；可控温电炉，1台；盖玻片、载玻片，各3片；烘箱，1台。

3.3.4 实验步骤

1）试样制备

（1）将1粒聚丙烯粒料放置于干净的载玻片中间位置（目测即可，无须精确），再在试样上盖上一块盖玻片。

（2）预先把可控温电炉加热到220 ℃，在其上放置一块电热板，将上述含有聚丙烯样品的载玻片连同盖玻片一起小心移至电热板上。待样品完全熔融并呈透明状后加压成膜并保温3 min，然后迅速转移到100 ℃的烘箱中使之结晶15 min，再取出。

（3）采用上述类似方法制备另两个样品，其中一个成膜并保温3 min后，迅速冷却至室温；另一个样品放置在100 ℃的烘箱中使之结晶120 min，然后取出。

2）偏光显微镜调节

（1）预先打开汞弧灯10 min以获得稳定的光强，然后插入单色滤波片。

（2）去掉显微镜目镜，将起偏片和检偏片置于90°。边观察显微镜筒，边调节灯和反光镜的位置，如需要可调整检偏片以获得完全消光（视野尽可能暗）。

3）聚丙烯球晶形态观察

将聚合物晶体薄片放在正交显微镜下进行观察，同时可使用显微镜目镜分度尺测量球晶直径。具体步骤如下：

（1）将带有分度尺的目镜插入镜筒内，再将载物台显微尺置于载物台上，使视区内同时可见两尺。

（2）调节焦距使两尺平行排列、刻度清楚，并使两零点相互重合，即可算出目镜分度尺的值。

（3）取走载物台显微尺，将欲测试的样品置于载物台视域中心，从侧面观察镜头。可先转动粗调手轮，使镜头处于中间位置，再转动微调手轮使物体的像最清楚，然后观察并记录晶形，读出球晶在目镜分度尺上的刻度，计算球晶直径大小。

3.3.5 实验注意事项

使用偏光显微镜时，操作必须小心谨慎，切勿在观察时用粗调调节物镜下降，否则物镜有可能碰到玻片或其他硬物而使镜头受损。

3.3.6　思考题

（1）影响聚丙烯结晶性能的因素有哪些？它们是如何产生影响的？

（2）什么叫黑十字消光现象？其产生的原因是什么？

（3）本实验如何制样？制样方法对聚丙烯结晶会产生什么影响？

3.4　红外光谱法测定聚合物的结构特征实验

3.4.1　实验目的

（1）了解红外光谱分析法的基本原理；

（2）初步掌握红外光谱试样的制备方法和简易红外光谱仪的使用方法；

（3）初步学会查阅红外光谱图及掌握谱图解析方法。

3.4.2　实验原理

按照量子学说，当分子从一个量子态跃迁到另一个量子态时就要发射或吸收电磁波，两个量子状态间的能量差 ΔE 与发射或吸收光的频率 υ 之间存在如下关系：

$$\Delta E = h\upsilon$$

式中，h 为普朗克常数，其值为 6.626×10^{-34} J·s。

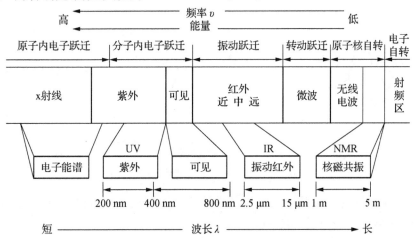

图 5　光波谱图及能量跃迁示意图

分子跃迁时将吸收不同波长的光,从而显示出包括红外光谱在内的各种光谱(见图5)。对于红外光谱而言,红外光量子的能量较小,当物质吸收红外区的光量子后,只能引起原子的振动和分子的转动,不会引起电子的跃迁,因此该吸收不会破坏分子中原有的化学键,而只能引起某些键的振动,所以红外光谱又称振动转动光谱。红外发射光谱很弱,通常我们测量的是红外吸收光谱。

根据红外光谱的波数,其谱图中常可分为近红外区($10\,000\sim4\,000\ cm^{-1}$)、中红外区($4\,000\sim400\ cm^{-1}$)和远红外区($400\sim10\ cm^{-1}$)三个不同的区域,其中最常用的是中红外区,大多数化合物的化学键振动能的跃迁均发生在这一区域,在此区域出现的光谱为分子振动光谱,即红外光谱。在分子中存在着许多不同类型的振动,按照振动时所发生的键长和键角改变,相应的振动形式有伸缩振动和弯曲振动,对于具体的基团与分子振动,其形式、名称则多种多样。另外,振动与分子中的原子数有关。含 N 个原子的分子有 $3N$ 个自由度,除去分子的平动和转动自由度以外,振动自由度应为 $3N-6$(线形分子是 $3N-5$)。这些振动可分两大类,即上面所说的伸缩振动和弯曲振动。其中,伸缩振动是指原子沿键轴方向伸缩使键长发生变化的振动,这种振动又分为对称伸缩振动(用 υ 表示)和非对称伸缩振动(用 h 表示)。弯曲振动又叫变形振动(用 δ 表示),是指原子垂直键轴方向的振动,此类振动会引起分子内键角发生变化。弯曲振动又分为面内弯曲振动和面外弯曲振动,其中面内弯曲振动包括平面摇摆及剪式两种振动,面外弯曲振动则包括非平面摇摆及弯曲摇摆两种振动。图6所示为聚乙烯中—CH_2—基团的几种振动模式。

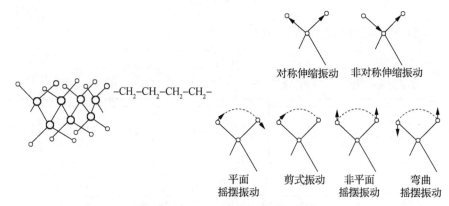

图 6　聚乙烯中—CH_2—基团的振动模式

分子振动能与振动频率成反比。为计算分子振动频率,首先要研究各个孤立的振动,即双原子分子的伸缩振动。

可用弹簧模型来描述最简单的双原子分子的简谐振动。该模型中,将两个原子

看成质量分别为 m_1 和 m_2 的刚性小球,化学键好似一根无质量的弹簧(如图 7 所示)。

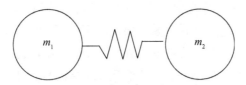

图 7　双原子分子弹簧球模型

按照这一模型,双原子分子的简谐振动应符合胡克定律,振动频率 ν 可用下式表示:

$$\nu = \frac{1}{2\pi}\sqrt{\frac{K}{u}}, \quad \text{其中} \quad u = \frac{m_1 \cdot m_2}{m_1 + m_2} \times \frac{1}{N} \tag{1}$$

式中,ν——频率(Hz);

K——化学键力常数,其值为 10^{-5} N/cm;

u——折合质量(g);

m_1, m_2——每个原子的相对原子质量;

N——阿伏加德罗常数。

若用波数来表示双原子分子的振动频率,则式(1)改写为

$$\bar{\nu} = \frac{1}{2\pi c}\sqrt{\frac{K}{u}} \tag{2}$$

在原子或分子中有多种振动形式,每一种简谐振动都对应一定的振动频率,但并不是每一种振动都会和红外辐射发生相互作用而产生红外吸收光谱,只有能引起分子偶极矩变化的振动(称为红外活动振动)才能产生红外吸收光谱。也就是说,当分子振动引起分子偶极矩变化时可形成稳定的交变电场,其频率与分子振动频率相同,能和相同频率的红外辐射发生相互作用使分子吸收红外辐射的能量跃迁到高能态,从而产生红外吸收光谱。

在正常情况下,这些具有红外活性的分子振动大多数处于基态,被红外辐射激发后跃迁到第一激发态,这种跃迁所产生的红外吸收称为基频吸收,红外吸收光谱中大部分吸收都属于这一类型。除基频吸收外还有倍频吸收和合频吸收,但这两种吸收都较弱。

红外吸收谱带的强度不仅与分子数有关,也与分子振动时偶极矩变化有关,变化率越大,则吸收强度也越大,因此极性基团如羧基、氨基等均有很强的红外吸收带。

根据光谱和分子结构的特征可将整个红外光谱大致分为两个区,即波数范围为 4 000～1 300 cm⁻¹ 的官能团区和波数范围为 1 300～400 cm⁻¹ 的指纹区。

聚合物基团的鉴定工作主要在官能团区进行,该区对应着聚合物中化学键和基团的特征振动频率,它的吸收光谱主要反映了分子中特征基团的振动。而指纹区的吸收光谱很复杂,特别能反映分子结构的细微变化,而且每一种化合物在该区的谱带位置、强度和形状都不一样(相当于人的指纹),用于认证化合物是很可靠的。此外,在指纹区也有一些特征吸收峰,对于鉴定官能团也是很有帮助的。

利用红外光谱鉴定化合物的结构,需要熟悉红外光谱区域基团和频率的关系。通常将红外区分为四个区,下面对各个光谱区域做一介绍。

(1) X—H 伸缩振动区(X 代表 C、O、N、S 等原子)

此区频率范围为 4 000～2 500 cm⁻¹,主要包括 O—H、N—H、C—H 等的伸缩振动。O—H 伸缩振动在 3 700～3 100 cm⁻¹ 区域,氢键的存在使频率降低,谱峰变宽,是判断有无醇、酚和有机酸的重要证据;C—H 伸缩振动分饱和烃和不饱和烃两种,饱和烃 C—H 伸缩振动在 3 000 cm⁻¹ 以下,不饱和烃 C—H 伸缩振动(包括烯烃、炔烃、芳烃的 C—H 伸缩振动)在 3 000 cm⁻¹ 以上,故 3 000 cm⁻¹ 是区分饱和烃和不饱和烃的分界线(三元的—CH₂—伸缩振动除外,它的吸收在 3 000 cm⁻¹ 以上);N—H 伸缩振动在 3 500～3 300 cm⁻¹ 区域,它和 O—H 谱带重叠,但峰形比 O—H 尖锐,伯、仲酰胺和伯、仲胺类在该区都有吸收谱带。

(2) 叁键和累积双键区

此区频率范围为 2 500～2 000 cm⁻¹,红外谱带较少,主要包括—C≡C—、—C≡N 等叁键的伸缩振动以及—C=C=C、—N=C=O 等累积双键的反对称伸缩振动。

(3) 双键伸缩振动区

此区频率范围为 2 000～1 500 cm⁻¹ 区域,主要包括 C=O、C=C、C=N、N=O 等的伸缩振动以及苯环的骨架振动,为芳香族化合物的倍频谱带。羰基的伸缩振动在 1 900～1 600 cm⁻¹ 区域,所有的羰基化合物,例如醛、酮、羧酸、酯、酰卤、酸酐等在该区都有非常强的吸收带,而且是谱图中的第一强峰,其特征非常明显,因此 C=O 伸缩振动吸收带是判断有无羰基化合物的主要证据。C=O 伸缩振动吸收带的位置还和邻接基团有密切关系,因此对判断羰基化合物的类型有重要价值。C=C 伸缩振动出现在 1 660～1 600 cm⁻¹ 区域,一般情况下比较弱。芳烃的 C=C 伸缩振动出现在 1 500～1 480 cm⁻¹ 和 1 600～1 590 cm⁻¹ 两个区域,这两个峰是鉴别有无芳烃存在的标志之一,一般前者谱带比较强,后者比较弱。

(4) 部分单键振动及指纹区

此区频率范围为 1 500～670 cm⁻¹,光谱比较复杂,出现的振动形式很多,除了极少数较强的特征谱带外,一般难以找到它的归属。对于鉴定有用的特征谱带有 C—H、O—H 的变形振动以及 C—O,C—N,C—X 等的伸缩振动。

饱和的 C—H 弯曲振动包括甲基和次甲基两种。甲基的弯曲振动有对称、反对称弯曲振动和平面摇摆振动,其中以对称弯曲振动较具特征,吸收谱带为 1 380～1 370 cm^{-1},受取代基影响很小,可以作为判断有无甲基存在的依据;次甲基的弯曲振动有 4 种方式,其中平面摇摆振动在结构分析中很有用,当 4 个或 4 个以上的 CH_2 基成直链相连时,CH_2 平面摇摆振动出现在 722 cm^{-1},随着 CH_2 个数的减少,吸收谱带向高波数方向位移,自此可推断分子链的长短。

在烯烃的 C—H 弯曲振动中,波数范围在 1 000～800 cm^{-1} 的非平面摇摆振动最为有用,可借助这些吸收峰鉴别各种取代烯烃的类型。

芳烃的 C—H 弯曲振动中,主要是 900～650 cm^{-1} 处的面弯曲振动,对于确定苯环的取代类型是很有用的,甚至可以利用这些峰对苯环的邻、间、对位的异构体混合物进行定量分析。

C—O 伸缩振动常常是该区中最强的峰,比较容易识别。一般醇的 C—O 伸缩振动在 1 200～1 000 cm^{-1} 区域,酚的 C—O 伸缩振动在 1 300～1 200 cm^{-1} 区域;在醚中有 C—O—C 的对称伸缩振动和反对称伸缩振动,且反对称伸缩振动比较强。

C—Cl 伸缩振动和 C—F 伸缩振动都有强吸收,前者出现在 800～600 cm^{-1} 区域,后者出现在 1 400～1 000 cm^{-1} 区域。

上述 4 个重要基团振动光谱区域的分布和用振动频率公式计算出的结果完全相符,即键力常数大的(如 C=C)、折合质量小的(如 X—H)基团都在高波数区,反之键力常数小的(如单键)、折合质量大的(如 C—Cl)基团都在低波数区。

3.4.3　实验试样及仪器

(1) 实验试样:KBr(光谱纯)、经偶联剂表面改性前(后)的纳米二氧化硅、甲基硅油、聚乙烯薄膜等。

(2) 实验仪器:本专业实验室现有的红外光谱仪型号为 VERTEX 70(见图8),是德国 Bruker 公司在 2004 年推出的全数字化红外光谱仪新机型。该仪器采用多项先进技术,性能更优异,使用也更方便。

该仪器采用的新技术如下所述:

① RockSolid 干涉仪(Bruker 的专利技术);

② DigiTect 技术,检测器为数字检测器(Bruker 的专利技术);

③ BRAIN 技术(Bruker 的人工智能网络技术,可随时反馈仪器的状态);

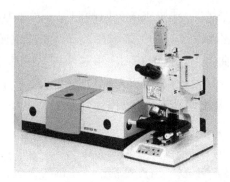

图 8　VERTEX 70 型红外光谱仪实物图

④ AAR 技术(附件的自动识别技术);

⑤ ACR 技术(可对光学组件自动识别,并将参数反馈到 OPUS 红外光谱软件中)。

另外,由于 Bruker 的全新的数字化设计,用户还能对仪器进行 Validation(校验)测试,以保证测试数据的准确可靠。

3.4.4　实验步骤

1) 仪器准备

(1) 接通稳压电源,待电压稳定在 220 V 后按动主机电源开关接通电源,然后开启总电源开关,将仪器预热 20 min;

(2) 放好打印纸,打开控制电脑的电源开关。

2) 制样

对试样具体的要求,一是试样应该是单一组分的纯物质,且纯度应大于 98%,以便于与纯化合物的标准进行对照(多组分试样应在测定前尽量预先用分馏、萃取、重结晶、区域熔融或色谱法进行分离提纯);二是试样中不应含有游离水,这是因为水本身有红外吸收,会严重干扰样品谱,而且还会侵蚀吸收池的盐窗;三是试样的浓度和测试厚度应选择适当,以使光谱图中的大多数吸收峰的透射比处于 10%~80% 范围内。

样品又分为以下三类:

(1) 气体样品:气体样品是在气体池中进行测定的,首先需要将气体池中的空气抽掉,然后注入被测气体进行测谱。

(2) 液体样品:测定液体样品时需使用液体池,常用的为可拆卸池,即将样品直接滴于两块盐片之间,形成液体毛细薄膜(薄膜法)进行测定。对于某些吸收很强的液体试样,需用溶剂配制成吸收较低的溶液再滴入液体池中进行测定。选择溶剂时要注意溶剂对溶质有较大的溶解度、溶剂在较大波长范围内无吸收、不腐蚀液体池的盐片、与溶质不发生反应等要求,常用的溶剂为二氧化碳、四氯化碳、三氯甲烷、环己烷等。

（3）固体样品:对于固体样品而言,要获得好的谱图,制样很关键,尤其是要掌握好样品厚度。本实验试样需根据实验室老师提供的样品,参照下列常用的方法之一进行准备。

① 薄膜法

（ⅰ）成品薄膜:若样品为厚度 $10\sim30\ \mu m$ 的透明薄膜,则无需特殊的制备,可将稍厚的薄膜轻轻拉伸变薄后直接进行测定。对热塑性样品,可将样品加热到软化点以上或者熔融,然后加压成适当厚度的薄膜进行测试。

（ⅱ）溶液制膜:若是含有填料的聚合物,则可选用适当的溶剂将其先行溶解,静置分层后将清液倒出,并在通风橱中让其挥发浓缩,然后将浓缩的液体倒在干净的玻璃板上或者由聚四氟乙烯制成的圆盘上,待溶剂挥发后将薄膜轻轻取下。也可将浓稠的聚合物溶液直接涂在氯化钠晶片上,成膜后连同氯化钠晶片一起做红外测定。

（ⅲ）热压成膜:先选用两块表面平滑的不锈钢模具,并根据成膜厚度要求选用与该厚度相同的云母片或铝箔片作为支撑物,将云母片或铝箔片放在其中一个模具压模面四周,中间放试样,然后将它们一起放在电炉上加热至软化熔融,再把另一模具压在试样上,然后用坩埚钳小心地把它们一起放在油压机上加压压制,冷却后取下薄膜,直接用于测定红外光谱。如果制成的薄膜太厚,应减少样品量;如果薄膜的颜色与原样品相比变黄或有气泡,则应适当降低加压温度;如果薄膜不均匀,则说明加压温度太低、时间太短或压力太小,应重新选择制膜条件进行压制。

② 卤化物压片法

取 $1\sim2$ mg 试样放置于玛瑙研钵中充分磨细(试样颗粒小于所用的辐射波长,则可消除或削弱粒子的散射影响,因此一般需要粉碎至 $2\ \mu m$),再加入 400 mg 干燥的 KBr 粉末继续磨研几分钟,直至完全混合均匀。将所得混合物在红外灯下烘烤 10 min 左右(温度不宜太高),然后取 100 mg 左右的混合物,利用压片机压制成直径为 13 mm、厚为 0.8 mm 左右的透明薄片。

③ 糊状法

将固体样品磨研成细末,与糊剂(液体石蜡油)混合成糊状,然后夹在两窗片之间进行测定。因为石蜡油是长链烷烃,具有较大粘度和较高折射率,可克服因样品颗粒的散射给红外光谱测定带来的困难,通常用于因 KBr 被吸水引起光谱图发生

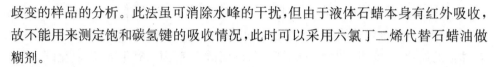

歧变的样品的分析。此法虽可消除水峰的干扰,但由于液体石蜡本身有红外吸收,故不能用来测定饱和碳氢键的吸收情况,此时可以采用六氯丁二烯代替石蜡油做糊剂。

3) 红外光谱图的描绘

按照仪器操作步骤,分别输入相应的技术参数,完成后先进行背景扫描,然后将试样固定在样品架上进行扫描测定。

4) 结束实验

实验结束后先取出样品,切断主机电源,再关稳压器。

3.4.5　实验谱图分析

(1) 分析所得的谱图含有哪些基团,并推出为何种聚合物,是均聚物还是共聚物以及是结晶性聚合物还是非结晶混合物,写出可能的结构;

(2) 查阅相关标准谱图库,对照判断所推出的结构是否正确。

3.4.6　实验注意事项

(1) 如果实验样品为盐酸盐,用 KBr 压片可能会出现离子交换现象,此时应用 KCl 替代 KBr 进行压片;

(2) 压片前 KBr 应充分研磨,使其粒径在 200 目以下,并应保持干燥;

(3) KBr 压片的厚度应控制在 0.5 mm 以下。

3.4.7　思考题

(1) 从红外光谱图可得到聚合物哪些性能特征?

(2) 影响官能团吸收峰位置的因素有哪些?

(3) 压片法制备红外光谱实验样品时应注意哪些事项?

3.5　材料的示差扫描量热分析实验

3.5.1　实验目的

(1) 掌握示差扫描量热法(DSC)的基本原理及其应用;

(2) 掌握用 DSC 测定聚合物 T_g,T_c 或(和)T_m 以及相应的 ΔH_c 或(和)ΔH_m 的方法。

3.5.2　实验原理

1) DSC 工作原理

示差(也称差示)扫描量热法是在差热分析(DTA)的基础上发展起来的一种热分析技术,简称 DSC。它是在温度程序控制下测量试样相对于参比物的热流速随温度变化的一种技术,该技术克服了 DTA 在热量变化计算上的困难,为获得热效应的定量数据带来很大方便,同时还兼具 DTA 的功能。因此,近年来 DSC 的应用发展很快,现已广泛应用于塑料、橡胶、纤维、涂料、粘合剂、医药、食品、生物有机体、无机材料、金属材料与复合材料等各类领域,主要用于测定比热容、反应热、转变热等热效应,还能测定试样纯度、反应速度、结晶速率等;尤其在聚合物研究领域,DSC 技术应用得非常广泛,在玻璃化转变过程、结晶过程(包括等温结晶和非等温结晶过程)、熔融过程、共混体系的相容性、固化反应过程等方面均得以应用,可用于测定聚合物的熔融热、结晶度以及等温结晶动力学参数,测定玻璃化转变温度 T_g,以及研究聚合、固化、交联、分解等反应,测定其反应温度或反应温区、反应热、反应动力学参数等。DSC 技术现已成为高分子研究方法中不可缺少的重要手段之一。

DSC 和 DTA 法都是以样品在温度变化时产生的热效应为检测基础。由于一般的 DTA 方法不能得到能量的定量数据,于是人们不断地改进设计,直到出现两个独立的量热器皿的平衡,从而使测量试样对热能的吸收和放出(以补偿对应的参比基准物的热量来表示)成为可能。这两个量热器皿都置于程序控温的条件下,采取封闭回路的形式,能精确、迅速测定热容和热焓。而这种设计就叫做示差扫描量热设计。DSC 体系又可分为两个控制回路,一个是平均温度控制回路,另一个是示差温度控制回路。

在平均温度控制回路中,由程序控温装置提供一个电信号,并将此信号与试样池和参比池所需温度相比较,与此同时,程度控温的电信号也接到记录仪进行记录。现在来了解一下程序温度与两个测量池温度的比较和控制过程。比较是在平均放大器内进行的,程序信号直接输入平均放大器,而两个测量池的信号分别由固定在各测量池上的铂电阻温度计测出,通过平均温度计算器加以平均后再输入平均温度放大器。经比较后,如果程序温度比两个测量池的平均温度高,则由放大器分别输入更多的电功率给装在两个测量池上的独立电热器以提高它们的温度;反之,则减少供给的电功率,把它们的温度降到与程序温度相匹配的温度。这就是温度程序控制过程。

与 DTA 所不同的是,DSC 设计在测量池底部装有功率补偿器和功率放大器,因此在示差温度回路,DSC 设计显示出与 DTA 截然不同的特征,两个测量池上的铂电阻温度计除了供给上述的平均温度信号外,还交替提供试样池和参比池的温度差值 ΔT 并输入温度差值放大器。当试样产生放热反应时,试样池的温度高于参比池而产生温差电势,经温度差值放大器放大后送入功率补偿器。

在补偿功率作用下,补偿热量随试样热量发生变化,即表征试样产生的热效应。因此,实验中补偿功率随时间(温度)的变化也就反映了试样放热速度(或吸热速度)随时间(温度)的变化,这就是 DSC 曲线。DSC 曲线与 DTA 曲线基本相似,但其纵坐标表示试样产生热效应的速度(热流率),单位为 mJ/s,横坐标是时间或温度,即 $\dfrac{\mathrm{d}H}{\mathrm{d}t}-t(T)$ 曲线(见图 9),并规定吸热峰向下,放热峰向上。对曲线峰经积分,可得试样产生的热量 ΔH。

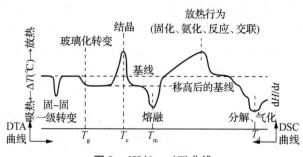

图 9 $\mathrm{d}H/\mathrm{d}t - t(T)$ 曲线

2) DSC 类型

常用的示差扫描量热仪分为两类,一类是功率补偿型 DSC 仪,如德国耐驰公司生产的 DSC 204 F1 型示差扫描量热仪;另一类是热流型 DSC 仪,如德国耐驰公司生产的 DSC 200 型示差扫描量热仪。

(1) 功率补偿型 DSC 仪

图 10 为功率补偿型 DSC 仪的结构示意图。样品和参比物分别放置在两个相互独立的加热器里,这两个加热器具有相同的热容及热导参数,并按相同的温度程序扫描,参比物在所选定的扫描温度范围内不具有任何热效应,因此记录下来的任何热效应就是由样品变化引起的。

功率补偿型 DSC 仪的工作原理建立在"零位平衡"原理之上,可以把 DSC 仪的热分析系统分为两个控制环路,其中一个环路作为平均温度控制,以保证按预定程序升高(或降低)样品和参比物的温度;第二个环路的作用是保证当样品和参比物之间由于样品的放热反应或吸热反应而出现温度差时,能够调节功率输入以消

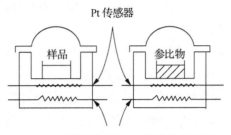

Pt 传感器

样品　　　　　参比物

图 10　功率补偿型 DSC 仪结构示意图

除其温度差。这就是零位平衡原理。通过连续不断地自动调节加热器的功率,可以使样品池温度和参比物池温度保持相同。这时,有一个与输入到样品的热流和输入到参比物的热流之间的差值成正比的信号 dH/dt 被传送到记录仪中,同时记录仪还记录了样品和参比物的平均温度,最终就得到以热流率 dH/dt 为纵坐标、时间或温度为横坐标的 DSC 谱图。

（2）热流型 DSC 仪

热流型 DSC 仪的热分析系统与功率补偿型 DSC 仪的差异较大,其样品和参比物同时放在同一康铜片上,并由一个热源加热(见图 11)。康铜片的作用为给样品和参比物传热及作为测温热电偶的一极,由铬镍合金线与康铜片组成的热电偶记录样品和参比物的温差,而镍铝合金线和铬镍合金线组成的热电偶测定样品的温度。由此可见,热流型 DSC 仪的热分析系统实际上测定的是样品与参比物的温度差。显然,热流型 DSC 仪不能直接测定样品的热焓变化量。若要测定样品的热焓,需要利用标准物质进行标定,在求出温差与热焓之间的换算关系后才能求出热焓值。新型的热流型 DSC 仪都带有计算机分析系统,使得换算过程简便易行,仪器精度和分辨率都有提高。

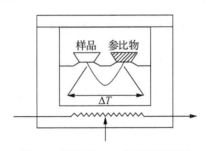

样品　参比物

ΔT

图 11　热流型 DSC 仪结构示意图

3）DSC 与 DTA 的差别

DSC 与 DTA 相比,虽然曲线相似,但表征有所不同。DTA 测定的是试样与参比物的温度差，而 DSC 测定的是功率差。功率差直接反映了热量差 ΔH_c，这是 DSC 进行定量测试的基础。

在 DTA 中，当试样产生热效应时 $\Delta T \neq 0$，此时样品的实际温度已不是程序升温所控制的温度，这就导致了样品和基准物温度的不一致。由于样品池与参比池在一起，物质之间只要存在温度差，二者之间就会有热传递，因此给定量带来困难。在 DSC 中，样品的热量变化由于随时得到补偿，样品与参比物无温差，即 $\Delta T = 0$，两物质间无热传递。因此在 DSC 测试中不管样品有无热效应，它都能按程序控制进行升、降温。

而最重要的是，在 DTA 中，仪器常数 K（主要表征的是热传导率）是温度的函数，即仪器的量热灵敏度随温度的升高而降低，所以它在整个温度范围内是一个变量，需经多点标定；而 DSC 中 K 值与温度无关，是单点标定。

4) DSC 曲线的标定——温度的标定

DSC 与 DTA 一样需要对其温度进行标定，由于 DSC 求测的是样品产生的热效应与温度的关系，因此仪器温度示值的标准性非常重要。虽然仪器在出厂之时已进行过校正，但在使用过程中仪器的各个方面会发生一些变化，使温度的示值出现误差。为提高数据的可靠性，需要经常对仪器的温度进行标定，标定的方法是采用国际热分析协会规定的已知熔点的标准物质（如 99.999％的高纯铟、高纯锡、高纯铅）在整个工作温度范围内进行仪器标定。具体方法是将几种标准物分别在 DSC 仪上进行扫描，如果某物质的 DSC 曲线上的熔点与标准不相符，说明仪器温度示值在该温区出现误差，此时需调试仪器在该温区的温度，使记录值等于或近似于标准值（仪器说明书中一般附有仪器调试方法，该项工作由实验室老师完成）。

5) 影响 DSC 曲线的因素

DSC 的原理及操作都比较简单，但要获得精确结果必须考虑诸多的影响因素。下面介绍一下主要的仪器影响因素及样品影响因素。

（1）仪器影响因素

仪器影响因素主要包括炉子大小和形状、热电偶的粗细和位置、加热速度、测试时的气氛、盛放样品的坩埚材料和形状等。

① 气氛的影响

气氛可以是静态的，也可以是动态的。静态气氛通常是密闭系统，反应发生后样品上空逐渐被分解出的气体所充满，这时由于平衡的原因会导致反应速度减慢，致使反应温度移向高温，而炉内的对流作用又使周围的气氛（浓度）不断变化，这些情况会造成传热情况的不稳定，导致实验结果不易重复。反之，动态气氛中测定，所产生的气体能不断地被动态气氛带走。

就气体的性质而言,可以是惰性的,也可以是参加反应的,一般视实验要求而定。对聚合物的玻璃化转变和相转变测定,气氛影响不大,但一般采用氮气,流量在 30 mL/min 左右。

测定时所用的气氛不同,有时会得到完全不同的 DSC 曲线。例如某一样品在氧气中加热会产生氧化裂解反应(先放热,后吸热),在氮气中进行则产生的是分解反应(吸热反应),二者的 DSC 曲线就明显不同。

气体的流量应严格控制一致,否则结果将不会重复。

② 加热速度

加热速度太快,峰温会偏高,峰面积会偏大,甚至会降低两个相邻峰的分辨率。而升温速度对 T_g 测定影响较大,因为玻璃化转变是一松弛过程,若升温速度太慢,则转变不明显,甚至观察不到;若升温快,则转变明显,但会移向高温。升温速度对熔点影响不大,但有些聚合物在升温过程中会发生重组、晶体完善化,使 T_m 和结晶度都提高。升温速度对峰的形状也有影响,升温速度慢则峰尖锐,因而分辨率也高。同时,升温速度快,则基线漂移大。

(2) 样品影响因素

样品影响因素主要包括颗粒大小、热导性、比热、填装密度、数量等。

① 试样量

样品影响因素中主要影响测试结果的是样品的数量。只有当样品量不超过某种限度时峰面积和样品量才呈直线关系,超过这一限度就会偏离线性,而且增加样品量会使峰的尖锐程度降低,因此在仪器灵敏度许可的情况下试样应尽可能的少。同时,试样量与参比物的量要匹配,以免两者热容相差太大引起基线漂移。

② 试样的粒度及装填方式

试样粒度的大小对那些表面反应或受扩散控制的反应(例如氧化)影响较大,且粒度小,峰会移向低温方向;而装填方式则影响到试样的传热情况(尤其对弹性体而言)。因此最好采用薄膜或细粉状试样,并使试样铺满盛器底部,加盖封紧,且试样盛器底部尽可能平整,以保证和样品池之间的加盖接触。

3.5.3　实验样品及仪器

(1) 实验样品:PP 或 PE 粉料(工业级),少许。

(2) 实验仪器:DSC 204 F1 型示差扫描量热仪(德国耐驰公司生产,见图 12),1 台;铝坩埚及坩盖,1 副;分析天平(精度为 0.01 mg),1 台;高纯氮气,1 瓶;镊子,1 只;卷边压制器,1 台。

图 12　DSC 204 F1 型示差扫描量热仪实物图

3.5.4　实验步骤

(1) 开冷却水,通氮气。

(2) 依次开启变压器、炉子、DSC 仪、计算机电源。

(3) 测量前的确认工作

① 确认测量所使用的吹扫气。DSC 仪通常使用氮气作为保护气与吹扫气,如果需要进行材料抗氧化性测试,需要配备氧气或空气。而气体钢瓶减压阀的出口压力(显示的是高出常压的部分)通常调到 0.5 bar 左右,最高不能超出 1 bar,否则易于损坏质量流量计(MFC)。

② 如果使用液氮在低温下进行测试,确认液氮是否充足,是否需要充灌。

(4) 制样

利用电子天平准确称取 3～10 mg 的样品并放在铝坩埚中,再取一埚盖,利用镊子尖头部分在盖子中间位置戳一个小孔,然后将盖子盖在坩埚上,用卷边压制器冲压,即可得到用于 DSC 实验的样品。

(5) 校正

仪器在刚开始使用或使用一段时间后需进行基线、温度和热量校正,以保证数据的准确性。

① 基线校正:在所测的温度范围内,当样品池和参比池都未放任何东西时进行温度扫描得到的谱图应是一条直线,如果有曲率或斜率甚至出现小吸热或放热峰,则需要进行仪器调整和炉子清洗工作,使基线平直。

② 温度和热量校正:作出一系列标准纯物质的 DSC 曲线,然后与理论值进行比较,并进行曲线拟合,以消除仪器误差。

(6) 测试

将放有样品的坩埚放在仪器中的样品位(右侧),同时在参比位(左侧)放一空坩埚作为参比,且坩埚应尽量放置在定位圈的中心位置。

通过控制程序的计算机进行编程。先点击"文件"→"新建",在弹出的"测量设定"对话框中输入相应的技术参数,在"基本信息"对话框中选择"测量类型",输入操作者、样品名称、样品编号、样品质量等相关信息,并确认当前连接的气体种类,再在"温度程序"对话框中设定初始温度、升温速率、终止温度等参数,然后在"最后的条目"对话框中设定测量文件名、存盘路径。

一切准备完毕,点击"测量"或"下一步"按钮,在弹出的"DSC 204 F1 在 … 调整"对话框中进行相关设置和操作,再点击"初始化工作条件"→"开始"进行测量。

当温度升至所设定的"终止温度"时,本次测试结束。降温,然后准备下一组试验测定。

(7) 关机

① 在主机系统温度处于 300 K 时,取出样品池中的样品坩埚;

② 依次关闭打印机、主机、稳压源电源开关;

③ 关闭氮气钢瓶阀门。

3.5.5　实验谱线分析与相关处理

(1) 该实验结束后(关机前),点击"文件"菜单下的"打开"项,在分析软件中打开所需分析的数据文件,或在测量软件中点击"工具"菜单下的"运行分析程序",将测量曲线调入分析软件中进行分析。

(2) 切换时间/温度坐标:点击"设置"坐标下的"X-温度",将时间坐标切换为温度坐标。

(3) 平滑:选中曲线,点击"设置"菜单下的"平滑"。平滑等级越高则平滑程度越大,但须注意在高的平滑等级下曲线可能会稍有些变形。一般的平滑原则为在不扭曲曲线形状的前提下尽量去除噪音,使曲线光滑一些。

(4) 调整显示范围:如需要对曲线的显示范围进行调整,点击"范围"菜单下的"X 轴"或"Y-DSC"对曲线的显示范围进行调整。

(5) 曲线标注:选中曲线,点击"分析"菜单下的"玻璃化转变""峰值""面积"等分别对峰值、面积、起始点、终止点、中点以及峰高、峰宽等项目进行标注(或者点击"峰的综合分析"同时对峰值、面积、起始点、终止点、中点以及峰高、峰宽等项目进行标注),分析 DSC 热谱中出现的比热变化、结晶放热峰和熔融吸热峰,确定 T_g、T_c、T_m 和 ΔH_c、ΔH_m。

(6) 保存分析文件:点击"文件"菜单下的"保存状态为…",在随后弹出的对话框中设定文件名并进行保存。

(7) 打印图谱:分析结束后,点击"文件"菜单下的"打印分析结果",可对图谱进行打印。

(8) 导出图元文件:点击"附加功能"菜单下的"导出图形",在弹出的对话框中设定相关参数,点击"输出",在出现的"另存为"对话框中设定文件名即可导出。

(9) 导出文本数据:点击"附加功能"菜单下的"导出数据",在弹出的对话框中设定相关参数,点击"输出",在出现的"导出数据"对话框中设定存盘路径与文件名后,再点击"保存"即可。

3.5.6　实验注意事项

(1) 在装样时,样品应尽可能均匀装填,并密实分布在坩埚中,以提高传热效率,降低热阻;

(2) 在测试过程中,严禁操作台有晃动现象;

(3) 实验所用样品应精确称量,且不宜过多。

3.5.7　思考题

(1) 功率补偿型 DSC 仪工作原理是什么?

(2) 示差扫描量热仪可用以测试聚合物的哪些性能?

(3) 测定时所用的气氛会影响 DSC 曲线吗? 请举例说明。

3.6　材料的热重分析实验

3.6.1　实验目的

(1) 了解热重分析仪的结构和基本原理;

(2) 掌握热重分析仪的基本操作要领;

(3) 掌握 TG 和 DTG 谱图的分析方法;

(4) 了解 TG 和 DTG 谱图在材料领域的作用。

3.6.2　实验原理

热重分析法简称 TG 或 TGA(Thermo Gravimetric Analysis),它是测定试样在温度等速上升时质量的变化,或者测定试样在恒定的高温下质量随时间的变化关系的一种技术。实验仪器可以利用分析天平或弹簧秤直接称出在炉中受热的试样的质量变化,并同时记录炉中的温度。TG 主要特点是定量性强,能准确测量物质的变化及变化的速率。

TG 方法广泛应用于塑料、橡胶、涂料、药品、催化剂、无机材料、金属材料与复合材料等各领域的研究开发、工艺优化与质量监控中,可以测定材料在不同气氛下的热稳定性与氧化稳定性;可对分解、吸附、解吸附、氧化、还原等物化过程进行分析,包括利用 TG 测试结果进一步做表观反应动力学研究;可对物质进行成分的定量计算,测定水分、挥发成分及各种添加剂与填充剂的含量。目前,TG 的应用主要有以下几个方面:① 了解试样的热(分解)反应过程,如测定结晶水、脱水量及热分解反应的具体过程等;② 研究在生成挥发性物质的同时所进行的热分解反应、固相反应等;③ 研究固体和气体之间的反应;④ 测定熔点、沸点;⑤ 利用热分解或蒸发、升华等分析固体混合物。

1) 热天平的原理及其结构

热重分析是借助于热天平实现的。热天平与常规分析天平的主要区别是它能自动、连续地进行动态称量与记录,并在称量过程中以一定的温度程序改变试样的温度,控制或调节试样周围的气氛。一般采用试样皿位于称量机构上面的零位型天平(上皿式,见图 13),即试样在刀线上方,通过钓钩、吊环和两副边吊带与横梁活动连接,且两副边吊带支承横梁,可以灵活自由地转动。在加热过程中,如果试

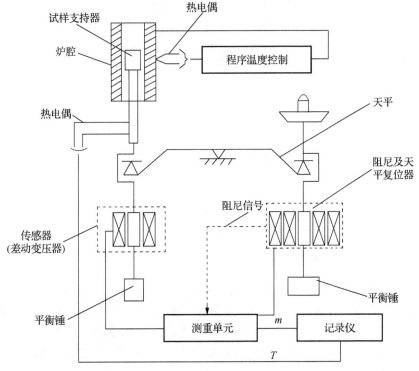

图 13　上皿式零位型热天平结构图

样质量不发生变化,则天平仍能保持初始的平衡状态。如果质量发生变化,天平就会失去平衡,而天平失衡信号立即会被位移传感器(电磁或光电)检测并输出,经放大后驱动平衡复位器,改变平衡复位器中的电流,使天平重新回到平衡点(即零位)。因为平衡复位器中的线团电流与试样的质量变化成正比,故记录电流的变化可得到试样在加热过程中质量变化的度量。

2) 热重分析仪的基本原理

图14为顶部装样式的热重分析仪结构示意图。其中,炉体为加热体,在一定的温度程序下运作,炉内可通以不同的动态气氛(如 N_2、Ar、He 等保护性气氛,O_2、空气等氧化性气氛及其他特殊气氛等),或在真空或静态气氛下进行测试。在测试进程中样品支架下部连接的高精度天平随时感知到样品当前的质量,并将数据传送到计算机,由计算机画出样品质量对温度(时间)的曲线(TG 曲线)。当样品发生质量变化(其原因包括分解、氧化、还原、吸附与解吸附等)时,会在 TG 曲线上体现为失重(或增重)台阶,由此可以得知该失(增)重过程所发生的温度区域,并定量计算失(增)重比例。如果对 TG 曲线进行一次微商计算,将得到热重微商曲线(DTG 曲线),可以进一步得到质量变化速率等更多信息。

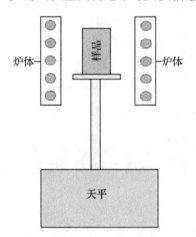

炉体 炉体 样品 天平

图 14　热重分析仪结构示意图

3) TG-DTG 曲线

物质受热时,如果发生化学反应,质量也将随之改变,因而通过测定物质质量的变化便可研究其变化过程。热重法实验得到的曲线称为热重曲线(即 TG 曲线),该曲线以质量为纵坐标,从上向下表示质量减少;以温度(或时间)为横坐标,自左至右表示温度(或时间)增加。TG 曲线上质量基本不变的部分称为平台,两平台的质量差称为台阶。

为了更好地分析热重数据,有时希望得到热重速率曲线,此时可通过仪器的重量微商处理系统得到热重微商曲线(即 DTG 曲线)。DTG 曲线是 TG 曲线对温度或时间的一阶导数。

和 TG 曲线比较,DTG 曲线在分析时有更重要的作用,它能精确反映出样品的起始反应温度、达到最大反应速率的温度(峰值)以及反应终止的温度,这些 TG 曲线很难做到;在 TG 曲线上,对应于整个变化过程,各阶段的变化互相衔接且不易区分开,同样的变化过程在 DTG 曲线上可以 DTG 峰的最大值为界把热重阶段分成两部分,故 DTG 能很好地显示出重叠反应,区分各个反应阶段,这也是 DTG 的最可取之处;另外,DTG 曲线的峰面积与样品对应的质量变化成正比,可精确地进行定量分析;还有些材料由于种种原因不能用 DTA 来分析,却可以用 DTG 来分析。

从 TG-DTG 曲线(见图 15)可求得以下几个特征温度:

(1) T_i(起始失重温度):是 TG 曲线开始偏离基线点的温度,也即累积重量变化达到能被热天平检测出的温度,故又称之为反应起始温度;

(2) T_1(外延起始温度):是 TG 曲线下降段的切线与基线的交点;

(3) T_2(半寿温度):失重率为 50% 时的温度;

(4) T_3(外延终止温度):是 TG 曲线下降段的切线与最大失重线的延长线的交点;

(5) T_p(最大失重速率时的温度):是 DTG 曲线上峰值所对应的温度;

(6) T_f(终止温度):TG 曲线到达最大失重的温度,也即 TG 已检测不出重量的继续变化。

以上,T_1 的重复性最好,因此多采用此温度来表示材料的热稳定性。

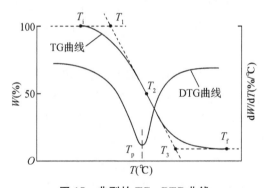

图 15　典型的 TG-DTG 曲线

各温度区间的失重率 W 为

$$W = \frac{M_0 - M_1}{M_0} \times 100\%$$

式中，M_0——原始试样质量(mg)；

　　M_1——TG 曲线上平台部分相应质量(mg)。

3.6.3　实验样品及仪器

（1）实验样品：聚苯乙烯(PE)或聚丙烯(PP)粒料。

（2）实验仪器：TG 209 F1 型热重分析仪,由德国耐驰公司生产(见图 16)；分析天平,精度为 0.01 mg。

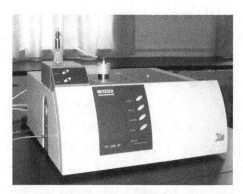

图 16　TG 209 F1 型热重分析仪实物图

3.6.4　实验步骤

热重分析法一般有两种,即升温法和等温法,本实验采用升温法,实验步骤如下：

（1）打开热重分析仪,预置 3 h 左右(此项工作由实验员提前完成)。

（2）从聚苯乙烯粒料上切取小样约 5 mg,精确称量后,将其小心盛放在专用小坩埚内。

（3）将上述盛有样品的坩埚用镊子夹起,放入仪器炉腔内的 TG 传感器托盘上,确认坩埚处于托盘的中间位置后按动按钮关闭炉腔。

（4）通过控制程序的计算机进行编程。先点击"文件"→"新建",在弹出的"测量设定"对话框中输入相应的技术参数,在"基本信息"对话框中选择"测量类型",输入操作者、样品名称、样品编号、样品质量等相关信息,再在"温度程序"对话框中设定初始温度、升温速率、终止温度等参数(本试验的炉子的升温速率设置为 10 ℃/min),然后在"最后的条目"对话框中设定测量文件名、存盘路径。

（5）一切准备完毕,点击"测量"或"下一步"按钮,在弹出的"TG 209 F1 在…调整"对话框中进行相关设置和操作,再点击"初始化工作条件"→"清零"→"开始"进行测量。

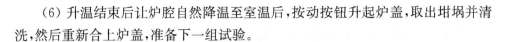

(6) 升温结束后让炉腔自然降温至室温后,按动按钮升起炉盖,取出坩埚并清洗,然后重新合上炉盖,准备下一组试验。

3.6.5　实验谱线分析与相关处理

该实验结束后(关机前),随机配置的电脑可打印出相关的实验信息,包括试样编号、实验日期等,并可打印完整的热重曲线。学生应对实验得到的 TG-DTG 谱图进行分析,标出各个特征温度,并进一步分析样品的热稳定性及热分解机理。

(1) 该实验结束后(关机前),点击"文件"菜单下的"打开"项,在分析软件中打开所需分析的数据文件,或在测量软件中点击"工具"菜单下的"运行分析程序",将测量曲线调入分析软件中进行分析。

(2) 切换时间/温度坐标:点击"设置"坐标下的"X-温度",将时间坐标切换为温度坐标。

(3) 生成 DTG 曲线:选中 TG 曲线,点击"分析"菜单下的"一次微分"或工具栏上的相应按钮,可调出 TG 信号对应的 DTG 曲线。

(4) 平滑:选中 TG 曲线,点击"设置"菜单下的"平滑"。平滑等级越高则平滑程度越大,但须注意在高的平滑等级下曲线可能会稍有些变形。一般的平滑原则为在不扭曲曲线形状的前提下尽量去除噪音,使曲线光滑一些。

(5) 失重台阶标注:选中 TG 曲线,点击"分析"菜单下的"质量变化"。

(6) 残余质量标注:选中 TG 曲线,点击"分析"菜单下的"残留质量"。

(7) DTG 峰值温度标注:选中 DTG 曲线,点击"分析"菜单下的"峰值"。

(8) 保存分析文件:点击"文件"菜单下的"保存状态为…",在随后弹出的对话框中设定文件名进行保存。

(9) 打印图谱:分析结束后,点击"文件"菜单下的"打印分析结果",可对图谱进行打印。

(10) 导出图元文件:点击"附加功能"菜单下的"导出图形",在弹出的对话框中设定相关参数,点击"输出",在出现的"另存为"对话框中设定文件名即可导出。

(11) 导出文本数据:点击"附加功能"菜单下的"导出数据",在弹出的对话框中设定相关参数,点击"输出",在出现的"导出数据"对话框中设定存盘路径与文件名后,点击"保存"即可。

3.6.6　实验注意事项

(1) 将聚苯乙烯粒料放入坩埚内时必须小心操作,严防样品洒落;

(2) 在测试过程中,严禁操作台有晃动现象;

（3）样品称量必须准确；

（4）实验开始前应做好仪器的充分预热工作。

3.6.7　思考题

（1）热重分析的原理是什么？

（2）从 TG - DTG 曲线上可得出聚合物的哪些热性能特征数据？

附　录

附录1　压痕直径与布氏硬度及相应洛氏硬度对照表

d_{10} 2d_5 4$d_{2.5}$	HB			HR			d_{10} 2d_5 4$d_{2.5}$	HB			HR		
	30D^2	10D^2	2.5D^2	HRB	HRC	HRA		30D^2	10D^2	2.5D^2	HRB	HRC	HRA
2.30	712				67	85	3.80	255	84.9	21.2		26	64
2.35	682				65	84	3.85	248	82.6	20.7		25	63
2.40	635				63	83	3.90	241	80.4	20.1	100	24	63
2.45	627				61	82	3.95	235	78.3	19.6	99	23	62
2.50	601				59	81	4.00	229	76.3	19.1	98	22	62
2.55	578				58	80	4.05	223	74.3	18.6	97	21	61
2.60	555				56	79	4.10	217	72.4	18.1	97	20	61
2.65	534				54	78	4.15	212	70.6	17.6	96		
2.70	514				52	77	4.20	207	68.8	17.2	95		
2.75	495				51	76	4.25	201	67.1	16.8	94		
2.80	477				49	76	4.30	197	65.5	16.4	93		
2.85	461				48	75	4.35	192	63.9	16.0	92		
2.90	444				47	74	4.40	187	62.4	15.6	91		
2.95	429				45	73	4.45	183	60.9	15.2	89		
3.00	415		34.6		44	73	4.50	179	59.5	14.9	88		
3.05	401		33.4		43	72	4.55	174	58.1	14.5	87		
3.10	388	129	32.3		41	71	4.60	170	56.8	14.2	86		
3.15	375	125	31.3		40	71	4.65	167	55.5	13.9	85		
3.20	363	121	30.3		39	70	4.70	163	54.3	13.6	84		
3.25	352	117	29.3		38	69	4.75	159	53.0	13.3	83		
3.30	341	114	28.4		37	69	4.80	156	51.9	13.0	82		
3.35	331	110	27.6		36	68	4.85	152	50.7	12.7	81		
3.40	321	107	26.7		35	68	4.90	149	49.6	12.4	80		
3.45	311	104	25.9		34	67	4.95	146	48.6	12.2	78		
3.50	302	101	25.2		33	67	5.00	143	47.5	11.9	77		
3.55	293	97.7	24.5		31	66	5.05	140	46.5	11.6	76		
3.60	285	95.0	23.7		30	66	5.10	137	45.5	11.4	75		
3.65	277	92.3	23.1		29	65	5.15	134	44.6	11.2	74		
3.70	269	89.7	22.4		28	65	5.20	131	43.7	10.9	72		
3.75	262	87.2	21.8		27	64	5.25	128	42.8	10.7	71		

d_{10} $2d_5$ 4$d_{2.5}$	HB			HR			d_{10} $2d_5$ 4$d_{2.5}$	HB			HR		
	$30D^2$	$10D^2$	$2.5D^2$	HRB	HRC	HRA		$30D^2$	$10D^2$	$2.5D^2$	HRB	HRC	HRA
5.30	126	41.9	10.5	69			5.55	114	37.9	9.46	64		
5.35	123	41.0	10.3	69			5.60	111	37.1	9.27	62		
5.40	121	40.2	10.1	67			5.65	109	36.4	9.10	61		
5.45	118	39.4	9.80	66			5.70	107	35.7	8.93	59		
5.50	116	38.6	9.66	65			5.75	105	35.0	8.76	58		

附录 2　黑色金属硬度和强度换算表

表 1　洛氏硬度(HRC、HRA)、维氏硬度、布氏硬度与抗拉强度换算表

硬　度							抗拉强度 (MPa)
洛氏		表面洛氏			维氏	布氏	
HRC	HRA	HR_{15N}	HR_{30N}	HR_{45N}	HV	HB $(F=30D^2)$	
70.0	86.6				1 037		
69.5	86.3				1 017		
69.0	86.1				997		
68.5	85.8				978		
68.0	85.5				957		
67.5	85.2				941		
67.0	85.0				923		
66.5	84.7				906		
66.0	84.4				889		
65.5	84.1				872		
65.0	83.9	92.2	81.3	71.7	856		
64.5	83.6	92.1	81.0	71.2	840		
64.0	83.3	91.9	80.6	70.6	825		
63.5	83.1	91.8	80.2	70.1	810		
63.0	82.8	91.7	79.8	69.5	795		
62.5	82.5	91.5	79.4	69.0	780		
62.0	82.2	91.4	79.0	68.4	766		
61.5	82.0	91.2	78.6	67.9	752		
61.0	81.7	91.0	78.1	67.3	739		
60.5	81.4	90.8	77.7	66.8	726		
60.0	81.2	90.6	77.3	66.2	713		2 607
59.5	80.9	90.4	76.9	65.6	700		2 551
59.0	80.6	90.2	76.5	65.1	688		2 496
58.5	80.3	90.0	76.1	64.5	676		2 443
58.0	80.1	89.8	75.6	63.9	664		2 391
57.5	79.8	89.6	75.2	63.4	653		2 341
57.0	79.5	89.4	74.8	62.8	642		2 293
56.5	79.3	89.1	74.4	62.2	631		2 246
56.0	79.0	88.9	73.9	61.7	620		2 201
55.5	78.7	88.6	73.5	61.1	609		2 157
55.0	78.5	88.4	73.1	60.5	599		2 115
54.5	78.2	88.1	72.6	59.9	589		2 074
54.0	77.9	87.9	72.2	59.4	579		2 034
53.5	77.7	87.6	71.8	58.8	570		1 995
53.0	77.4	87.4	71.3	58.2	561		1 957

（续表）

硬　度							抗拉强度（MPa）
洛氏		表面洛氏			维氏	布氏	
HRC	HRA	HR_{15N}	HR_{30N}	HR_{45N}	HV	HB（$F=30D^2$）	
52.5	77.1	87.1	70.9	57.6	551		1 921
52.0	76.9	86.8	70.4	57.1	543		1 885
51.5	76.6	86.6	70.0	56.5	534		1 851
51.0	76.3	86.3	69.5	55.9	525	501	1 817
50.5	76.1	86.0	69.1	55.3	517	494	1 785
50.0	75.8	85.7	68.6	54.7	509	488	1 753
49.5	75.5	85.5	68.2	54.2	501	481	1 722
49.0	75.3	85.2	67.7	53.6	493	474	1 692
48.5	75.0	84.9	67.3	53.0	485	468	1 663
48.0	74.0	84.6	66.8	52.4	478	461	1 635
47.5	74.5	84.3	66.4	51.8	470	455	1 608
47.0	74.2	84.0	65.9	51.2	463	449	1 581
46.5	73.9	83.7	65.5	50.7	456	442	1 555
46.0	73.7	83.5	65.0	50.1	449	436	1 529
45.5	73.4	83.2	64.6	49.5	443	430	1 504
45.0	73.2	82.9	64.1	48.9	436	424	1 480
44.5	72.9	82.6	63.6	48.3	429	418	1 457
44.0	72.6	82.3	63.2	47.4	423	413	1 434
43.5	72.4	82.0	62.7	47.1	417	407	1 411
43.0	72.1	81.7	62.3	46.5	411	401	1 389
42.5	71.8	81.4	61.8	45.9	405	396	1 368
42.0	71.6	81.1	61.3	45.4	399	391	1 347
41.5	71.3	80.8	60.9	44.8	393	385	1 327
41.0	71.0	80.5	60.4	44.2	388	380	1 307
40.5	70.8	80.2	60.0	43.6	382	375	1 287
40.0	70.5	79.9	59.5	43.0	377	370	1 268
39.5	70.3	79.6	59.0	42.4	372	365	1 250
39.0	70.0	79.3	58.6	41.8	367	360	1 232
38.5		79.0	58.1	41.2	362	355	1 214
38.0		78.9	57.6	40.6	357	350	1 197
37.5		78.4	57.2	40.0	352	345	1 180
37.0		78.1	56.7	39.4	347	341	1 163
36.5		77.8	56.2	38.8	342	336	1 147
36.0		77.5	55.8	38.2	338	332	1 131
35.5		77.2	55.3	37.6	333	327	1 115
35.0		77.0	54.8	37.0	329	323	1 100
34.5		76.7	54.4	36.5	324	318	1 085
34.0		76.4	53.9	35.9	320	314	1 070
33.5		76.1	53.4	35.3	316	310	1 056
33.0		75.8	53.0	34.7	312	306	1 042

硬 度							抗拉强度 （MPa）
洛氏		表面洛氏			维氏	布氏	
HRC	HRA	HR$_{15N}$	HR$_{30N}$	HR$_{45N}$	HV	HB（$F=10D^2$）	
32.5		75.5	52.5	34.1	308	302	1 028
32.0		75.2	52.0	33.5	304	298	1 015
31.5		74.9	51.6	32.9	300	294	1 001
31.0		74.7	51.1	32.3	296	291	989
30.5		74.4	50.6	31.7	292	287	976
30.0		74.1	50.2	31.1	289	283	964
29.5		73.8	49.7	30.5	285	280	951
29.0		73.5	49.2	29.9	281	276	940
28.5		73.3	48.7	29.3	278	273	928
28.0		73.0	48.3	28.7	274	269	917
27.5		72.2	47.8	28.1	271	266	906
27.0		72.4	47.3	27.5	268	263	895
26.5		72.2	46.9	26.9	264	260	884
26.0		71.9	46.4	26.3	261	257	874
25.5		71.6	45.9	25.7	258	254	864
25.0		71.4	45.5	25.1	255	251	854
24.5		71.1	45.0	24.5	252	248	844
24.0		70.8	44.5	23.9	249	245	835
23.5		70.6	44.0	23.3	246	242	825
23.0		70.3	43.6	22.7	243	240	816
22.5		70.0	43.1	22.1	240	237	808
22.0		69.8	42.6	21.5	237	234	799
21.5		69.5	42.2	21.0	234	232	791
21.0		69.3	41.7	20.4	231	229	782
20.5		69.0	41.2	19.8	229	227	774
20.0		68.8	40.7	19.2	226	225	767
19.5		68.5	40.3	18.6	223	222	759
19.0		68.3	39.8	18.0	221	220	752
18.5		68.0	39.3	17.4	218	218	744
18.0		67.8	38.9	16.8	216	216	737
17.5		67.6	38.4	16.2	214	214	727
17.0		67.3	37.9	15.6	211	211	724

　＊表中抗拉强度是近似强度值，不分钢种，当换算精度要求不高时可参考使用（不适用于铸铁）；

　＊＊表中洛氏硬度 HRC 17～19.5 和 HRC 67.5～70 区间，以及布氏硬度 450～501 区间的换算，分别超出金属洛氏硬度试验法和金属布氏硬度试验法所规定的范围，仅供参考使用。

表2　洛氏硬度(HRB)、维氏硬度、布氏硬度与抗拉强度换算表

| 硬　度 | | | | | | 抗拉强度
(MPa) |
| 洛氏 | 表面洛氏 | | | 维氏 | 布氏 | |
HRB	HR$_{15N}$	HR$_{30N}$	HR$_{45N}$	HV	HB($F=10D^2$)	
100.0	91.5	81.7	71.7	233		803
99.5	91.3	81.4	71.2	230		793
99.0	91.2	81.0	70.7	227		783
98.5	91.1	80.7	70.2	225		773
98.0	90.9	80.4	69.6	222		763
97.5	90.8	80.1	69.1	219		754
97.0	90.6	79.8	68.6	216		744
96.5	90.5	79.4	68.1	214		735
96.0	90.4	79.1	67.6	211		726
95.5	90.2	78.8	67.1	208		717
95.0	90.1	78.5	66.5	206		708
94.5	89.9	78.2	66.0	203		700
94.0	89.8	77.8	65.5	201		691
93.5	89.7	77.5	65.0	199		688
93.0	89.5	77.2	64.5	196		675
92.5	89.4	76.9	64.0	194		667
92.0	89.3	76.6	63.4	191		659
91.5	89.1	76.2	63.9	189		651
91.0	89.0	75.9	62.4	187		644
90.5	88.8	75.6	61.9	185		636
90.0	88.7	75.3	61.4	183		629
89.5	88.6	75.0	60.9	180		621
89.0	88.4	74.6	60.3	178		614
88.5	88.3	74.3	59.8	176		607
88.0	88.1	74.0	59.3	174		601
87.5	88.0	73.7	58.8	172		594
87.0	87.9	73.4	58.3	170		587
86.5	87.7	73.0	57.8	168		581
86.0	87.6	72.7	57.2	166		575
85.5	87.5	72.4	56.7	165		568
85.0	87.3	72.1	56.2	163		562
84.5	87.2	71.8	55.7	161		556
84.0	87.0	71.4	55.2	159		550
83.5	86.9	71.1	54.7	157		545
83.0	86.8	70.8	54.1	156		539
82.5	86.6	70.5	53.6	154	140	534
82.0	86.5	70.2	53.1	152	138	528
81.5	86.3	69.8	52.6	151	137	523
81.0	86.2	69.5	52.1	149	136	518
80.5	86.1	69.2	51.6	148	134	513

硬　度						抗拉强度（MPa）
洛氏	表面洛氏			维氏	布氏	
HRB	HR$_{15N}$	HR$_{30N}$	HR$_{45N}$	HV	HB（$F=10D^2$）	
80.0	85.9	68.9	51.0	146	133	508
79.5	85.8	68.6	50.5	145	132	503
79.0	85.7	68.2	50.0	143	130	498
78.5	85.5	67.9	49.5	142	129	494
78.0	85.4	67.6	49.0	140	128	489
77.5	85.2	67.3	48.5	139	127	485
77.0	85.1	67.0	47.9	138	126	480
76.5	85.0	66.6	47.4	136	125	476
76.0	84.8	66.3	46.9	135	124	472
75.5	84.7	66.0	46.4	134	123	468
75.0	84.5	65.7	45.9	132	122	464
74.5	84.4	65.4	45.4	131	121	460
74.0	84.3	65.1	44.8	130	120	456
73.5	84.1	64.7	44.3	129	119	452
73.0	84.0	64.4	43.8	128	118	449
72.5	83.9	64.1	43.3	126	117	445
72.0	83.7	63.8	42.8	125	116	442
71.5	83.6	63.5	42.3	124	115	439
71.0	83.4	63.1	41.7	123	115	435
70.5	83.3	62.8	41.2	122	114	432
70.0	83.2	62.5	40.7	121	113	429
69.5	83.0	62.2	40.2	120	112	426
69.0	82.9	61.9	39.7	119	112	423
68.5	82.7	61.5	39.2	118	111	420
68.0	82.6	61.2	38.6	117	110	418
67.5	82.5	60.9	38.1	116	110	415
67.0	82.3	60.6	37.6	115	109	412
66.5	82.2	60.3	37.1	115	108	410
66.0	82.1	59.9	36.6	114	108	407
65.5	81.9	59.6	36.1	113	107	405
65.0	81.8	59.3	35.5	112	107	403
64.5	81.6	59.0	35.0	111	106	400
64.0	81.5	58.7	34.5	110	106	398
63.5	81.4	58.3	34.0	110	105	396
63.0	81.2	58.0	33.5	109	105	394
62.5	81.1	57.7	32.9	108	104	392
62.0	80.9	57.4	32.4	108	104	390
61.5	80.8	57.1	31.9	107	103	388
61.0	80.7	56.7	31.4	106	103	386
60.5	80.5	56.4	30.9	105	102	385
60	80.4	56.1	30.4	105	102	383

附录3　部分聚合物的溶解度参数

名称	溶解度参数 δ $(J/cm^3)^{1/2}$	名称	溶解度参数 δ $(J/cm^3)^{1/2}$
聚甲基丙烯酸甲酯	18.4～19.4	聚硫橡胶	18.4～19.2
聚甲基丙烯酸乙酯	16.2～18.6	聚乙烯/丙烯橡胶	16.2
聚甲基丙烯酸丙酯	17.9～18.2	氯化橡胶	19.2
聚甲基丙烯酸正丁酯	17.7～17.8	氯丁橡胶	19.2
聚甲基丙烯酸叔丁酯	16.9	聚二甲基硅氧烷	14.9～15.5
聚甲基丙烯酸正己酯	19.6	聚苯基甲基硅氧烷	18.4
聚甲基丙烯酸月桂酯	16.7	聚对苯二甲酸乙二酯	21.9
聚丙烯酸甲酯	19.8～20.5	聚氨酯	20.5
聚丙烯酸乙酯	18.8～19.2	环氧树脂	19.8～22.3
聚丙烯酸丙酯	18.4	酚醛树脂	23.1
		聚丙烯腈	26.0～31.4
		聚甲基丙烯腈	21.9
聚乙酸乙烯酯	19.2	聚己二酸己二胺	25.8
		硝酸纤维素	21.8～23.5
聚乙烯	16.2～16.6		
聚丙烯	16.3～17.3	聚丁二烯/丙烯腈	
聚氯乙烯	19.4～20.5	82/18	17.8
		75/25～70/30	18.9～20.3
聚苯乙烯	17.8～18.6	61/39	21.1
聚异丁烯	15.8～16.4		
聚异戊二烯	16.2～17.0		
聚丁二烯	16.6～17.6	聚丁二烯/苯乙烯	
聚四氟乙烯	12.7	85/15～87/13	16.6～17.4
聚偏氯乙烯	25.0	75/25～72/28	16.6～17.6
聚偏二氯乙烯	20.5～24.9	60/40	17.8
聚氯丁二烯	16.8～19.2		
聚溴乙烯	19.6		
聚三氟氯乙烯	14.7		

附录4 部分常用溶剂的溶解度参数

名称	溶解度参数 δ $(J/cm^3)^{1/2}$	名称	溶解度参数 δ $(J/cm^3)^{1/2}$
二异丙醚	14.3	乙酸乙酯	18.6
正戊烷	14.4	1,1-二氯乙烷	18.6
异戊烷	14.4	甲基丙烯腈	18.6
正己烷	14.9	苯	18.7
二乙醚	15.1	甲苯	18.8
正庚烷	15.2	苯乙烯	19.0
正辛烷	15.4	丁酮	19.0
石脑油	15.6	甲乙酮	19.0
松节油	16.5	四氯乙烯	19.2
环己烷	16.8	甲酸乙酯	19.2
甲基丙烯酸丁酯	16.8	氯苯	19.6
氯乙烷	17.4	苯甲酸乙酯	19.8
1,1,1-三氯乙烷	17.4	二氯甲烷	19.8
乙酸戊酯	17.4	顺式二氯乙烯	19.8
双戊烯	17.4	三氯甲烷	19.0
乙酸丁酯	17.5	二氯乙烷	20.0
四氯化碳	17.6	1,2-二氯乙烷	20.1
正丙苯	17.7	乙醛	20.1
甲基丙烯酸甲酯	17.8	丙酮	20.3
乙酸乙烯酯	18.0	环己酮	20.3
对二甲苯	18.0	苯乙酮	21.7
二乙基酮	18.1	异丁醇	22.1
间二甲苯	17.8	正丙醇	23.4
乙苯	17.9	异丙醇	23.5
异丙苯	18.0	苯甲醇	24.8
丙烯酸甲酯	18.2	乙醇	26.4
邻二甲苯	18.4	甲醇	29.7

附录 5 部分结晶聚合物的密度

名称	ρ_c (g/cm³)	ρ_a (g/cm³)
聚乙烯	1.014	0.854
聚氧化乙烯	1.33	1.12
聚偏氟乙烯	2.00	1.74
聚四氟乙烯	2.35	2.00
聚丙烯(全同)	0.936	0.854
聚氧化丙烯	1.15	1.00
聚氯乙烯	1.52	1.39
聚偏氯乙烯	1.95	1.66
聚三氟氯乙烯	2.19	1.92
聚苯乙烯	1.120	1.052
聚甲醛	1.506	1.215
聚丁烯	0.95	0.868
聚丁二烯	1.01	0.89
聚异丁烯	0.94	0.86
聚氯丁二烯	1.35	1.24
聚戊烯	0.92	0.86
顺式聚异戊二烯	1.00	0.91
反式聚异戊二烯	1.05	0.90
聚乙炔	1.15	1.00
聚乙烯醇	1.35	1.26
天然橡胶	1.00	0.91
尼龙 6	1.230	1.084
尼龙 66	1.220	1.069
尼龙 610	1.19	1.04
聚甲基丙烯酸甲酯	1.23	1.17
聚对苯二甲酸乙二酯	1.455	1.336
聚碳酸酯	1.31	1.20
涤纶	1.46	1.33

附录6 部分聚合物的玻璃化温度

名称	T_g(℃)	名称	T_g(℃)
聚乙烯	−68(−120)	聚甲基丙烯酸正丁酯	21
聚丙烯(全同立构)	−10(−18)	聚甲基丙烯酸正己酯	−5
聚丙烯(无规)	−20	聚甲基丙烯酸正辛酯	−20
聚氧化丙烯	−75	聚甲基丙烯酸异丙酯(全同)	27
聚异丁烯	−70(−60)	聚甲基丙烯酸异丙酯(间同)	81
聚异戊二烯(顺式)	−73	聚甲基丙烯酸环己酯(全同)	51
聚异戊二烯(反式)	−60	聚甲基丙烯酸环己酯(间同)	104
顺式聚1,4-丁二烯	−108(−95)	聚异丁酸乙烯酯	56
反式聚1,4-丁二烯	−83(−50)	聚己二酸乙二酯	−70
聚1,2丁二烯(全同立构)	−4	聚辛二酸丁二酯	−57
聚1-丁烯	−25	聚丙烯酰胺	6
聚3-甲基-1-丁烯	94	聚乙烯醇	85
聚1-辛烯	−65	聚三氟氯乙烯	45
聚4-甲基-1-戊烯	29	聚氯乙烯	87(81)
聚甲醛	−83(−50)	聚偏二氯乙烯	−40(−46)
聚1-戊烯	−40	聚偏二氟乙烯	−19(−17)
聚1-己烯	−50	聚1,2-二氯乙烯	145
聚5-甲基-1-己烯	−14	聚氯丁二烯	−50
聚1-十二烯	−25	聚四氟乙烯	126(−65)
聚氧化乙烯	−66(−53)	聚全氟丙烯	11
聚乙烯基甲基醚	−13(−20)	聚丙烯腈(间同立构)	104(130)
聚乙烯基烷基醚	−25	聚甲基丙烯腈	120
聚乙烯基乙基醚	−25(−42)	聚乙酸乙烯酯	28
聚乙烯基正丁基醚	−52(−55)	聚乙烯咔唑	208(150)
聚乙烯基异丁基醚	−27(−18)	聚乙烯基甲醛	105
聚乙烯基叔丁基醚	88	聚乙烯基丁醛	49(59)
聚二甲基硅氧烷	−123	聚乙烯醇缩异丁醛	56
聚苯乙烯(无规立构)	100(105)	聚乙烯醇缩丁醛	49
聚苯乙烯(全同立构)	100	聚乙烯基环己烷	120
聚α-甲基苯乙烯	192(180)	聚乙烯基吡啶	8
聚邻甲基苯乙烯	119(125)	三乙酸纤维素	105
聚间甲基苯乙烯	72(82)	三硝酸纤维素	53
聚邻苯基苯乙烯	110(126)	乙基纤维素	43
聚对苯基苯乙烯	138	聚对苯二甲酸乙二酯	65
聚对氯苯乙烯	128	聚对苯二甲酸丁二酯	40
聚对甲基苯乙烯	100(126)	尼龙6	50(40)
聚间氯苯乙烯	90	尼龙10	42
聚苯醚	220(210)	尼龙11	43(46)

名称	$T_g(℃)$	名称	$T_g(℃)$
聚邻氯苯乙烯	119	尼龙 12	42
聚 3,4-二氯苯乙烯	128	尼龙 66	50(57)
聚 2,5-二氯苯乙烯	130(115)	尼龙 610	40(44)
聚 α-乙烯萘	162	聚乙烯基吡咯烷酮	175
聚丙烯酸甲酯	3(6)	聚苊烯	321
聚丙烯酸乙酯	−24	聚双(氯甲基)丁氧环	10
聚丙烯酸正丙酯	−44	双酚 A 聚砜	195
聚丙烯酸正丁酯	−49	聚环氧乙烷	−67
聚丙烯酸异丙酯(全同)	−11	涤纶树脂	69
聚丙烯酸异丙酯(间同)	−6	聚硫橡胶	−50
聚丙烯酸环己酯(全同)	12	硅橡胶	−123
聚丙烯酸环己酯(间同)	19	聚四氢呋喃	−85
聚丙烯酸	106(97)	聚羟基乙酸	−35
聚丙烯酸锌	>300	聚羟基丙酸	−60
聚甲基丙烯酸甲酯(间同)	115(105)	聚 ε-己内酯	−60
聚甲基丙烯酸甲酯(全同)	45(55)	聚碳酸酯	150
聚甲基丙烯酸乙酯	65	聚 7-氨基庚酸	52
聚甲基丙烯酸十二酯	−65	聚 8-氨基癸酸	50
聚甲基丙烯酸正丙酯	35		

附录7 部分聚合物-溶剂体系的[η]-M关系式中的K和α参数

高聚物名称	溶剂名称	温度 (℃)	K ($\times 10^2$)	α	相对分子 质量范围 ($\times 10^3$)
高压聚乙烯	十氢萘	70	3.873	0.738	2～35
	对二甲苯	105	1.76	0.83	11.2～180
低压聚乙烯	α-氯萘	125	4.3	0.67	48～950
	十氢萘	135	6.77	0.67	30～1 000
聚丙烯	十氢萘	135	1.00	0.80	100～1 100
	四氢萘	135	0.80	0.80	40～650
聚异丁烯	环己烷	30	2.76	0.69	37.8～700
聚丁二烯	甲苯	30	3.05	0.725	53～490
聚苯乙烯	苯	20	1.23	0.72	
	丁酮	25	3.9	0.58	102～540
	环己烷(θ溶剂)	34.5	8.46	0.50	
聚氯乙烯	环己酮	25	0.204	0.56	19～150
聚丙烯酸乙酯	丙酮	25	5.1	0.59	
聚甲基丙烯酸甲酯	丙酮	20	0.55	0.73	40～8 000
聚甲基丙烯酸乙酯	丙酮	20	0.55	0.73	
聚醋酸乙烯酯	苯	30	2.2	0.63	
聚丙烯腈	二甲基甲酰胺	25	3.92	0.75	28～1 000
尼龙66	甲酸(90%)	25	11	0.72	605～26
聚二甲基硅氧烷	苯	20	2.00	0.78	33.9～114
聚甲醛	二甲基甲酰胺	150	4.4	0.66	89～285
聚碳酸酯	四氢呋喃	20	3.99	0.70	8～270
天然橡胶	甲苯	25	5.02	0.67	
丁苯橡胶 (50℃聚合)	甲苯	30	1.65	0.78	26～1 740
聚对苯二甲酸乙二酯	苯酚-四氯乙烷 (质量比1∶1)	25	2.1	0.82	5～25
双酚A型聚砜	氯仿	25	2.4	0.72	20～100
聚四氢呋喃	甲苯	28	2.51	0.78	
	乙酸乙酯乙烷(θ溶剂)	31.8	20.6	0.49	
三硝基纤维素	丙酮	25	0.693	0.91	

参考文献

[1] 金日光,华幼卿. 高分子物理[M]. 4 版. 北京:化学工业出版社,2013.

[2] 张春庆,李战胜,唐萍. 高分子化学与物理实验[M]. 大连:大连理工大学出版社,2014.

[3] 张兴英,李齐芳. 高分子科学实验[M]. 北京:化学工业出版社,2004.

[4] 冯开才,李谷,符若文,等. 高分子物理实验[M]. 北京:化学工业出版社,2004.

[5] 王国成,肖汉文. 高分子物理实验[M]. 北京:化学工业出版社,2017.

[6] 李允明. 高分子物理实验[M]. 杭州:浙江大学出版社,1996.

[7] 张霞. 材料物理实验[M]. 上海:华东理工大学出版社,2014.

[8] 肖汉文,王国成,刘少波. 高分子材料与工程实验教程[M]. 北京:化学工业出版社,2008.

[9] 黄新友. 无机非金属材料专业综合实验与课程实验[M]. 北京:化学工业出版社,2008.

[10] 雷文. 物理化学实验[M]. 上海:同济大学出版社,2016.

[11] 闫红强,程捷,金玉顺. 高分子物理实验[M]. 北京:化学工业出版社,2012.